Regional-Global

Do Autor:

O Mito da Desterritorialização: Do "Fim dos Territórios" à Multiterritorialidade

Regional-Global: Dilemas da Região e da Regionalização na Geografia Contemporânea

Rogério Haesbaert

Regional-Global

Dilemas da Região e da Regionalização na Geografia Contemporânea

BERTRAND BRASIL

Capa: Leonardo Carvalho com fotos do autor tiradas de um balão (Vale do Nilo, Egito, 2010)

Editoração: DFL

Texto revisado segundo o novo
Acordo Ortográfico da Língua Portuguesa

2010
Impresso no Brasil
Printed in Brazil

CIP-Brasil. Catalogação na fonte
Sindicato Nacional dos Editores de Livros, RJ

H157r Costa, Rogério H. da (Rogério Haesbaert da), 1958-
Regional-global: dilemas da região e da regionalização na geografia contemporânea/Rogério Haesbaert. – Rio de Janeiro: Bertrand Brasil, 2010.
208p.

Inclui bibliografia
ISBN 978-85-286-1445-9

1. Regionalismo. 2. Globalização. 3. Geografia. I. Título.

10-3397 CDD – 304.201
CDU – 911.3

EDITORA BERTRAND BRASIL LTDA.
Rua Argentina, 171 – 2º andar – São Cristóvão
20921-380 – Rio de Janeiro – RJ
Tel.: (0xx21) 2585-2070 – Fax: (0xx21) 2585-2087

Atendimento e venda direta ao leitor:
mdireto@record.com.br ou (21) 2585-2002

Em memória de minha mãe
cuja despedida se deu durante as últimas páginas deste livro

com a saudade infinita
e a terna lembrança
de sua alegria pela vida
e de um amor
que não conheceu fronteiras

Para substituir os entraves e as limitações [naturais] *surgem outros entraves, outras limitações e outras diversidades: mas estas são cada vez mais inerentes às exigências e às necessidades coletivas materiais ou morais das sociedades humanas e, sobretudo, têm importância* em partes cada vez mais extensas da superfície terrestre, *e não mais nos estreitos quadros regionais: o pão, o vestuário, a carne e o combustível são questões que, tanto para a produção quanto para o consumo, interessam ao mundo inteiro, ou quase. Isto não quer dizer que os agrupamentos regionais estejam desaparecendo na Geografia humana. Mas as características e os fatos que os compõem são cada vez mais da ordem do móvel e do deslocável, em razão da mobilidade crescente dos indivíduos que constituem as unidades elementares dos agrupamentos. A Região humana não tem uma figura geográfica determinada e de limites fixos: ela oscila sobre uma zona mais ou menos vasta, as Regiões tendem a se fundir pouco a pouco umas nas outras.*

(Camille Vallaux, 1929:171-172,
destaque do autor; tradução livre)

Desde [as décadas 1950-60] a geografia regional foi declarada morta — de forma mais veemente por aqueles que, de qualquer modo, nunca tinham sido muito bons nela — geógrafos, a seu favor, têm mantido, de uma forma ou de outra, a tentativa de reavivá-la... Esta é uma tarefa vital... Precisamos conhecer a constituição de formações sociais regionais, *de articulações* regionais, *de transformações* regionais.

(Derek Gregory, 1978:171,
destaques do autor; tradução livre)

A região continua a existir, mas com um nível de complexidade jamais visto pelo homem. Agora, nenhum subespaço do planeta pode escapar ao processo conjunto de globalização e fragmentação, isto é, de individualização e regionalização.

(Milton Santos, 1999:16)

Sumário

Introdução

Relação entre a parte e o todo, o particular e o geral, o singular e o universal, o idiográfico e o nomotético ou, em outros termos, num enfoque mais empírico, entre o central e o periférico, o moderno-cosmopolita e o tradicional-provinciano, o global e o local... são muitas as relações passíveis de serem trabalhadas por trás daquilo que comumente denominamos questão ou abordagem "regional". Cada área do conhecimento, da Economia aos Estudos Literários, traz sua própria leitura sobre a região, o regionalismo e/ou a regionalização.

Entretanto, num certo sentido, de caráter mais geográfico — que é aquele que iremos enfatizar aqui — falar de região numa época de tão pouco consenso sobre a relação entre as partes ("regional") e o todo ("global") — e sobre a própria definição do que seriam estas partes e do que seria este todo, num sentido geográfico — pode parecer um desafio infrutífero. Se vivemos o tempo da fluidez e das conexões, como defendem tantos, como encontrar ainda parcelas, subdivisões, recortes, "regiões" minimamente coerentes dentro deste todo espacial pretensamente globalizado?

Regionalizar, no seu sentido mais amplo e relacionado a uma de suas raízes etimológicas, enquanto "recortar" o espaço ou nele traçar linhas, é uma ação ligada também ao sentido de orientar (-se). Como "orientar-se" através de nossas regionalizações num mundo que, para muitos, encontra-se marcado mais pela desordem do que pela ordem, mais pela precarização e vulnerabilidade de nossos vínculos do que pelo seu fortalecimento e sua estabilidade?

O título Regional-Global que propusemos para este livro significa, de saída, assumir a natureza do regional, hoje, ao mesmo tempo como condicionado e condicionante em relação aos chamados processos globalizadores — ou melhor, como seu constituinte indissociável — a ponto de, muitas vezes, regionalização e globalização se tornarem dinâmicas tão imbricadas e complementares que passam a ser, na prática, indiscerníveis. Mas a globalização, como bem sabemos, está longe de ser um consenso, em primeiro lugar por não representar um processo uniforme e, neste sentido, não ser propriamente "global". Muitos pesquisadores preferem mesmo utilizar o termo sempre no plural, "globalizações", distinguindo aí suas múltiplas dimensões, a enorme desigualdade com que é produzida/difundida e seus diferentes sujeitos — tanto no sentido daqueles que prioritariamente a promovem e a desencadeiam quanto daqueles que a ela, basicamente, encontram-se subordinados.

Podemos, é claro, falar de um processo globalizador — e, concomitantemente, regionalizador — hegemônico, aquele envolvido pelos grandes "sujeitos" que pretendem dar as cartas e definir os rumos do capital financeiro, da especulação em diferentes níveis e da mercantilização generalizada. Em nome de uma lógica individualista-contábil mundial, este movimento propõe de alguma maneira integrar as mais distintas áreas do planeta, "regionalizando" sobretudo na forma que melhor convém às suas estratégias geográficas de circulação, acumulação e dominação. Mas há sempre, é claro, articulado de forma contraditória e/ou ambivalente, um processo que podemos denominar contra-hegemônico — ou, mais simplesmente, de destruição das hegemonias (no sentido da hierarquia que elas implicam), tanto de forma mais localizada quanto mais global, como nos movimentos contraglobalizadores (que são também, concomitantemente, contrarregionalizadores), ou melhor, por uma outra globalização-regionalização, capitaneada fundamentalmente pelos grupos ou classes subalternos.

Numa perspectiva mais pessoal, a temática regional sempre esteve presente, de uma maneira ou de outra, na minha trajetória acadêmica, e ela própria denuncia um pouco o ir e vir da região na construção do pensamento geográfico, que será abordada aqui num sentido mais amplo. A começar por minha dissertação de mestrado, depois livro, *RS: Latifúndio e Identidade Regional* (Haesbaert, 1988), em que abordei a questão regional a partir da formação de regionalismos e da construção de uma identidade regional referida ao espaço ("região") da Campanha Gaúcha, na metade meridional e fronteiriça do Rio Grande do Sul.

Na época, lembro-me bem, encontrei grande resistência entre pesquisadores que consideravam a questão regional "superada" e/ou praticamente irrelevante. Devo muito à minha orientadora de mestrado, Bertha Becker, o estímulo para me dedicar à empreitada. Ela própria se dedicava, no início dos anos 80, a uma espécie de recuperação da análise regional. Afirmava, por exemplo, que, em torno da chamada "crise do Estado e da região", na verdade mais uma vez "a região é evocada como instrumento de ação política" (Becker, 1984:2). Parcialmente inspirado em sua tipologia de "centros" e "periferias" em nível de Brasil, produzi um de meus primeiros artigos, uma proposta simples de regionalização para o Rio Grande do Sul (Haesbaert, 1983).

Na conclusão da dissertação de mestrado, há mais de 20 anos, eu destacava:

> *(...) as práticas de controle político, cultural e, sobretudo, econômico permanecem cada vez mais vivas e globalizadoras. Torna-se fundamental, portanto, recuperar o entendimento do papel das diferenças enquanto alternativas possíveis para uma nova e quem sabe múltipla dinâmica da sociedade. Neste contexto tem lugar o resgate de conceitos como, em Geografia, o de região. Como vimos, já no discurso do francês Vidal de la Blache a manifestação das 'individualidades geográficas' ficava evidente, e a tradicional Geografia da 'diferenciação de áreas' é uma prova inconteste de que a própria diferenciação espacial constitui, de certa forma, uma das razões de ser do conhecimento geográfico. Diante da preocupação, às vezes cega, em abarcar toda a realidade em conceitos e teorias gerais, neopositivistas e muitos marxistas estiveram juntos,*

dizendo romper brutalmente com uma Geografia 'empirista e inútil' que, de qualquer forma, constitui suas raízes. A própria realidade, hoje, parece exigir uma postura mais criteriosa, onde os 'cientistas' sociais devem negar as teorias definitivas e as ortodoxias, por não darem conta das transformações e da complexidade do real, sem com isso entretanto caírem no empirismo de que tanto já nos acusamos (1988:92).

Durante o mestrado também foi importante o diálogo — ainda que com discordâncias importantes — com o geógrafo Aluízio Capdeville Duarte, orientador "a distância" de minha monografia de bacharelado, autor de um dos primeiros artigos-síntese, no nível teórico, no Brasil, sobre a trajetória do conceito de região (Duarte, 1980). Em parte inspirado neste diálogo, Paulo César Gomes, companheiro muito importante dos debates durante o mestrado na UFRJ desde 1982, acabou desenvolvendo sua dissertação também sobre a questão regional, de um ponto de vista teórico (Gomes, 1988), com crítica ainda mais contundente em relação a Duarte e a partir da distinção entre posições mais "iluministas" e posições mais "românticas" na Geografia.

Concluído o mestrado, em 1986, prossegui de certa forma envolvido com questões regionais, ainda que em outras escalas, como a mundial (Haesbaert, 1990, 1998a) e nacional (1994a), retornando na tese de doutorado a uma leitura renovada do "regional" através da análise do que denominei "rede regional" construída pelos migrantes sulistas no interior do Brasil, tendo como referência empírica primeira o espaço ocupado por eles na região Nordeste, em especial na área dos cerrados (Haesbaert, 1997). O projeto de pesquisa que se sucedeu também não deixou em segundo plano a região, discutida, por exemplo, em relação à nova e complexa configuração regional transfronteiriça produzida, de forma muito expressiva, pela presença de migrantes brasileiros nos vizinhos do Mercosul (Haesbaert, 1998, 1999a). Mais recentemente, por fim, retornaria à temática regional em trabalho conjunto com o Grupo Retis, dirigido por Lia Machado, quando regionalizamos a faixa de fronteira brasileira dentro de um projeto de consultoria junto ao Ministério da Integração Nacional (Brasil, Ministério da Integração Nacional, 2006).

Para a consecução deste livro, cuja iniciativa resultou em grande parte do estímulo recebido de meus alunos, inicialmente verifiquei que dispunha de uma quantidade razoável de artigos já produzidos na temática, na última década (desde 1999), e que, agrupados em um sentido cronológico e/ou temático, de acordo com a abrangência da abordagem, poderiam configurar uma coletânea. Relendo com mais atenção alguns deles, porém, percebi que, a princípio sem muita dificuldade (que depois se revelou bem maior), poderia reestruturá-los e, numa nova sequência e inter-relação, construir um raciocínio lógico minimamente coerente, capaz de configurar, desse modo, um discurso mais amplo e integrado.

Trabalhos anteriores sobre a dinâmica de globalização (Haesbaert, 1998a, Haesbaert e Porto-Gonçalves, 2006) podem ser tomados como um pano de fundo para este debate, aqui, sobre a região e a regionalização à luz das relações regional-global. Entendidos dentro de uma dinâmica múltipla, ao mesmo tempo geral e fragmentadora, os assim chamados processos globalizadores, mais do que simplesmente "produzirem", estão imersos em integrações e rupturas, aberturas e fechamentos, inclusões e exclusões, moldando e sendo moldados por diferenciações e contextos geográficos que, em articulações complexas, redesenham profundamente as "regiões" do mundo, em suas diversas escalas.

Tomamos como eixo inicial para a estruturação deste trabalho nosso artigo "Globalização, Diversidade Territorial e Regionalização", escrito em 1999, que traçava, à época, um balanço justamente sobre os desafios da regionalização num mundo dominado pelas relações que pareciam entrelaçar diretamente os níveis local e global. A organização desse artigo, no nosso ponto de vista bastante didática (até porque partia de uma síntese de nosso primeiro curso no Programa de Pós-Graduação em Geografia da Universidade Federal Fluminense, naquele mesmo ano), acabou servindo de base para a integração de outros trabalhos, posteriores, mais específicos, em especial "Morte e Vida da Região" (2003), "Desterritorialização, Multiterritorialidade e Regionalização" (2004b),

"Região: Trajetos e Perspectivas" (2005) e, finalmente, "Região e Regionalização num Mundo Des-Territorializado" (2007b). Espero que esta reestruturação, aprofundando algumas das propostas mais relevantes, especialmente entre aquelas mais recentes, tenha resultado numa síntese coerente (e minimamente consistente), que possa contribuir com novos pontos de referência dentro da grande polêmica do "regional" na agenda contemporânea.

É importante registrar que cada um desses trabalhos que produzimos e que, refeitos, resultaram neste livro foi produzido a partir do convite e/ou na interlocução com companheiros a quem devo agradecer, especialmente os organizadores e debatedores do 4º Seminário do Pensamento Geográfico (Unesp-Presidente Prudente, 2001), do XXII Encontro Estadual de Geografia (AGB-Porto Alegre, Rio Grande, 2002), do Seminário Brasil Século XXI: por uma nova regionalização? (UFF-Niterói, 2004), das Primeiras Jornadas de Economia Regional Comparada (FEE e PUC-RS, Porto Alegre, 2005), do Simpósio Pierre Denis (IBGE, Rio de Janeiro, 2006) e da 58ª Reunião da SBPC, sessão organizada pela Anpur (Florianópolis, 2006).

É fundamental, também, agradecer as críticas e sugestões sobre diferentes partes deste trabalho realizadas por colegas, especialmente Renato Leda, da UNEB, e doutorandos da UFF, em especial Elias Lopes. Renato e Elias fizeram leitura atenta de uma primeira versão deste trabalho, com contribuições muito relevantes tanto em termos formais quanto de conteúdo. Lia Machado, Ivaldo Lima e Helion Povoa Neto, por outro lado, contribuíram em termos de importantes referências bibliográficas. Simon Hutta, doutorando da Open University, foi sempre solícito na remessa de artigos que eu, reiteradamente, solicitava. Por fim, os amigos Peter, Haremi e António constituíram apoio inestimável nas estadas em Londres e na British Library. A todos, o meu mais sincero obrigado.

1

Região e Regionalização: A Trajetória de um Debate

Não pensamos que a região haja desaparecido. O que esmaeceu foi a nossa capacidade de reinterpretar e de reconhecer o espaço em suas divisões e recortes atuais, desafiando-nos a exercer plenamente aquela tarefa permanente dos intelectuais, isto é, a atualização dos conceitos.

(Santos, 1994:102)

A questão regional retoma hoje sua força, em primeiro lugar, pela proliferação efetiva de regionalismos, identidades regionais e de novas-velhas desigualdades regionais (que, de uma maneira ou de outra, devem ser atacadas por políticas de base regional), tanto no nível global, mais amplo, como no intranacional. Nesse sentido, apesar da propalada globalização homogeneizadora, o que vemos, concomitantemente, é uma permanente reconstrução da heterogeneidade e/ou da fragmentação via novas desigualdades e recriação da diferença nos diversos recantos do planeta. Por outro lado, a questão ressurge nas ciências sociais, em função de vários debates acadêmicos. Desta forma, um certo retorno às singularidades e ao específico fica evidente em correntes como o pós-modernismo e o pós-estruturalismo, denominações que, sob os prefixos "pós", evocam mais características de um passado que se esvai do que de um futuro efetivamente novo que se anuncia. Explicita-se, assim, a crise social e de paradigmas em que estamos mergulhados, o que exige, no mínimo, constante questionamento de nossas proposições conceituais.

A relevância da questão regional, entretanto, não está ligada apenas à realidade concreta e ao debate acadêmico que tenta responder-lhe. Ao lado dessa "nova geografia regional" no âmbito acadêmico, que pretende amalgamar sob novas formas o teórico e o empírico, o geral e o singular, o analítico e o sintético, ocorre também a proliferação do que podemos denominar "geografias regionais populares", num interesse revigorado pelas singularidades que marcam o espaço geográfico. De modo similar, o discurso da mídia e a formação do senso comum alimentam uma revalorização do "regional", ainda que ele seja entendido de maneiras muito distintas. Bem o demonstra a crescente difusão de revistas e documentários, como os da *National Geographic*, que expandiu seu mercado nas décadas 1990-2000, com o lançamento de sua versão em idiomas como o francês e o português. Para completar, uma das áreas que, sem dúvida, mais tem estimulado o olhar sobre a diversidade territorial, através da valorização e/ou da recriação da diferença (quando não do "exótico"), é o turismo, um dos setores mais dinâmicos da economia contemporânea.

Para alguns, uma nova valorização do regional aparece no próprio bojo da globalização dos mercados e das comunicações, sendo interpretada, nesse caso, como uma revalorização do "local" singular, da diferença; para outros, a nova "regionalização" (ou mesmo os "novos regionalismos") seria um contraponto à globalização via criação de grandes uniões comerciais — como se os mercados comuns, obviamente, não estivessem inseridos também como patamares de articulação aos circuitos globais da economia capitalista. Neste sentido não há dúvida de que à tradicional ênfase no debate regional formulado preferencialmente no interior das fronteiras do Estado (o debate centralização estatal x autonomias regionais, por exemplo), e que envolveu até mesmo geógrafos "regionais" fundadores, como Paul Vidal de la Blache, vem somar-se hoje, cada vez com mais força, o debate do regional (e/ou do local) frente aos processos de globalização.

Se nos reportarmos a um âmbito de caráter mais epistemológico, podemos verificar que, na Geografia, por trás de discussões como aquela entre globalização e "fragmentação" (ou, para outros, "regionalização"), desdobra-se um de seus grandes dilemas — aquele que se trava entre a chamada Geografia Geral ou Sistemática e a Geografia Regional ou Tópica ("Especial", para um geógrafo clássico como Bernard Varenius) — talvez só equiparável em sua relevância ao debate entre Geografia Física e Geografia Humana. Trata-se, de maneira ainda mais ampla, da disputa entre dois grandes núcleos epistemológicos, aquele mais nomotético, fundado no racionalismo e na objetividade "científica" e aquele idiográfico, fundado no "empirismo", no sentido mais amplo do termo, enquanto referido ao mundo da experiência e da sensibilidade[1].

Alguns autores proclamam até que se trata de um processo de algum modo cíclico no interior das ciências sociais, talvez ainda mais marcante no caso da Geografia, em que correntes ditas empiristas (de alguma forma valorizando mais a chamada Geografia Regional) são sucedidas por correntes de maiores pretensões teóri-

---

[1] O empirismo em sentido lato, que toma como base do conhecimento a experiência sensorial, partindo assim do caráter singular ou particular do conhecimento, pode ser distinguido, *grosso modo*, em empirismo objetivo e empirismo subjetivo — enquanto o primeiro parte da existência objetiva da realidade como fonte básica da experiência sensorial que assegura o conhecimento (um exemplo geográfico seria a perspectiva de um "certo" La Blache das relações homem-meio), o segundo limita a experiência às próprias sensações, podendo tomá-las pela realidade "objetiva" (alguns autores da chamada "geografia humanista" estariam próximos a esta perspectiva). Obviamente não se trata de uma abordagem contraposta ao racionalismo, como bem demonstra o positivismo clássico, cujo cientificismo estava baseado na experimentação "empírica", ou seja, num tipo de empirismo objetivo.

cas, mais racionalistas (com maior ênfase no caráter geral ou sistemático da Geografia), como se uma fosse necessária para, ao mesmo tempo, desafiar e realimentar a outra, demonstrando assim, também, sua inexorável imbricação.

Os termos podem ser diversos e nem sempre sinônimos — empirismo e racionalismo, romantismo e iluminismo (Gomes, 1988), realismo e construtivismo (Agnew, 1999), positivismo e historicismo (Capel, 1981, 1983) —, mas indicam a possibilidade de, mesmo dentro de muitas limitações e sob o risco de leituras dicotômicas, um "enfoque pendular" dentro da Geografia, como propõe Capel (1981). Segundo esse autor, posições de tendências mais racionalistas/dedutivas e empiristas/indutivas se alternam, a ponto de se poder afirmar que:

> *A evolução do pensamento geográfico a partir do século XVIII pode entender-se em termos de uma oposição recorrente entre atitudes "positivistas" e "historicistas", que — ainda que seguramente tenham estado sempre presentes — foram predominando de forma sucessiva. Trata-se muito provavelmente de dois enfoques irredutíveis, mas, ao mesmo tempo, complementares* (1983:38).

É possível reconhecer a amplitude da questão regional no nível teórico, nos últimos tempos, também fora da esfera geográfica, em termos disciplinares: regionalismos, identidades regionais e/ou região e regionalização são ou foram abordados tanto pela Ciência Política (desde pelo menos o legado de Antonio Gramsci e a questão meridional italiana como questão regional[2]), pela Economia Regional (como nos trabalhos de Perroux, Boudeville, Richardson, Friedman e Isard), pela Sociologia (vide trabalhos como os de Bourdieu e Giddens), pela Antropologia, pela História

[2] Hoje parcialmente revisitada, sobretudo via problemáticas como as propostas políticas da Liga Norte italiana (v. a esse respeito, no âmbito da Geografia, Agnew, 2002).

Regional e pelos Estudos Literários. Isto sem falar em áreas ligadas às ciências naturais, em que começam a se firmar conceitos híbridos, como o de "biorregião", numa correspondência entre "identidade biofísica e cultural" (McGinnis, 1999: Carr, 2004)[3].

Na Geografia em idioma estrangeiro temos um revigorar da Geografia Regional principalmente entre geógrafos de língua inglesa, como Gilbert (1988), Thrift (1990, 1991, 1993, 1996), Entrikin (1991, 1994), Hauer (1990), Murphy (1991), Storper (1995, 1997), Scott (1998), Agnew (1999, 2000), MacLeod (2001), MacLeod e Jones (2001) e Paasi (1986, 1991, 2002a, 2002b)[4]. Na França, cabe lembrar a reedição de *A região, espaço vivido*, de Frémont (1999), e o compêndio *Iniciação à Geografia Regional*, de Claval (1993). Em alemão, tem destaque a consistente obra de Benno Werlen (com artigo traduzido para o português: Werlen, 2000). Por fim, no caso da Geografia brasileira devemos destacar trabalhos das últimas duas décadas como os nossos próprios (Haesbaert, 1988, 1997, 1999b, 2002), Corrêa (1986, 1995), Gomes (1988, 1995), Castro (1992), Egler (1995), Bezzi (1996), Albuquerque (1998), Heidrich (1999), Silveira (1999), Santos (1999), Lencioni (1999), Limonad et al. (2004), Lemos (2005), Arrais (2007) e Brito (2008).

No final dos anos 80, Gilbert (1988) afirmava enfaticamente:

> *(...) os geógrafos estão redescobrindo o estudo do específico. (...) a Geografia está começando a ver aqueles sistemas e*

---

[3] Num elenco múltiplo de áreas que, fora da Geografia, adotaram e desenvolveram (às vezes de forma independente) o conceito de região e/ou de regionalização, Grigg (1974[1967]) identificou, ainda na década de 1960, a Ecologia Vegetal, a Fitossociologia, a Ciência do Solo, a Climatologia, a Antropologia Cultural, a Sociologia Urbana, a História Econômica e a Economia.

[4] Fundamental é a coletânea de artigos sobre região, desde 1974 até 2005, organizada por J. Nicholas Entrikin (2008), a que só tivemos acesso ao término deste livro, mas que, para nossa satisfação, continha parcela muito expressiva dos artigos já aqui citados.

estruturas [aos quais estava inteiramente dedicada] como localizações e a reexaminar a especificidade dos lugares (...) Esse interesse renovado pelo específico faz ressurgirem alguns conceitos dos estudos regionais e pode assim ser interpretado como um retorno à corologia [e aos chamados estudos de área]. Entretanto, devemos considerar (...) que a Geografia Regional praticada desde a metade da década de 1970 é uma nova Geografia Regional (p. 208).

Mas há um caminho mais longo — e imprescindível — a ser percorrido antes de chegarmos à "nova Geografia Regional" contemporânea. Iniciemos, então, pela própria origem etimológica do termo "região" e os primórdios de formação da Geografia Regional.

1.1. Região: conceito polissêmico

O que marca a trajetória do conceito de região, a começar pela amplitude que adquire no senso comum, é uma grande polissemia. Essa ambiguidade do termo fica muito clara nas próprias definições reconhecidas por grandes dicionários, como o *Oxford English Dictionary*. Ali encontramos mais de sete concepções básicas de região, sendo que em algumas delas ainda aparecem subdivisões. Esse dicionário define genericamente região como "direction, line, boundary, quarter, district, etc." [direção, linha, limite, quarteirão, distrito, etc.], termo proveniente do antigo verbo "regere", "to direct" (dirigir, no sentido de indicar a direção), que no inglês antigo estava associado também a "to rule" — comandar, governar. A partir daí o dicionário traz as seguintes definições:

1a. "A realm or kingdom" [um domínio ou reino] (ultrapassada)
1b. "A large tract of land; a country; a more or less defined portion of the earth's surface (...)" [uma ampla extensão

de terra; um país; uma porção mais ou menos definida da superfície da Terra]

1c. (sem o artigo) "Land, territory" [terra, território]

1d. "An área, space or place of more or less definite extent or character" [uma área, espaço ou lugar com extensão ou caráter mais ou menos definido]

2. "The rule or government of a Kingdom" [o comando de um governo ou Reino] (ultrapassada)

3a. "A separate part or division of the world or universe, the air, heaven, etc." [uma parte separada ou divisão do mundo ou do universo, do ar, do paraíso, etc.]

3b. "A place, state or condition, having a certain character or subject to certain influences; the sphere or realm of something" [um lugar, estado ou condição que tem um certo caráter ou que está sujeito a certas influências; a esfera de domínio de algo]

4a. "One of the successive portions into which the air or atmosphere is theoretically divided according to height (...). Also similarly of the sea according to depth" [uma das porções sucessivas em que o ar ou a atmosfera está teoricamente dividida de acordo com a altitude (...). Também similar ao que ocorre com o mar de acordo com a profundidade]

4b. "climate" [clima] (rara)

5a. "An administrative division of a city or district" [uma divisão administrativa de uma cidade ou distrito]

5b. "A relatively large subdivision of a country for economic, administrative or cultural purposes that freq. implies an alternative system to centralized organization (...)" [uma subdivisão relativamente extensa de um país para propósitos econômicos, administrativos ou culturais, que frequentemente implica um sistema alternativo à organização centralizada]

5c. "An area of the world made up of neighbouring countries that, from an international point of view, are considered socially, economically or politically interdependent" [uma área do mundo composta por países vizinhos que, de um ponto de vista internacional, são considerados social, econômica ou politicamente interdependentes]

5d. "*Broadcasting.* A part of the country covered by a particular programme service or broadcasting company; *transf.*, the company itself" [*radiodifusão.* Parte de um país coberta por um serviço de programa particular ou companhia de radiodifusão; a própria companhia]

6. "A part or division of the body and its parts" [uma parte ou divisão do corpo e suas partes]

7. "A space occupied by a thing" [espaço ocupado por alguma coisa] (Simpson e Weiner, 1989, vol. XVII, p. 510).

A polissemia de que o termo se revestiu torna-se bastante evidente a partir de concepções muito amplas e de natureza mais gnoseológica, ligadas à relação parte/todo, a direção e localização, como nas definições "esfera de domínio de algo" ou "espaço ocupado por alguma coisa". Por outro lado, o sentido mais restrito, originalmente ligado a relações de poder, vinculado à própria raiz do termo, "regere", comandar (região como área de comando ou reino), acabou gradativamente perdendo terreno, o que provavelmente explica a relativa perda de importância do conceito de região para o entendimento de processos socioespaciais ligados à esfera do político — em que, apesar da atual retomada de relevância de processos como os regionalismos (eminentemente políticos), o conceito de território acabou adquirindo muito maior eficácia e difusão[5].

[5] A esse respeito, ver ao final deste livro item sobre a relação entre os dois conceitos, território e região.

Isso não significa que menosprezemos o sentido político da região e dos processos de regionalização. Pelo contrário, como veremos ao longo deste trabalho, toda regionalização deve sempre ser considerada, também, um ato de poder — o poder de recortar, de classificar e, muitas vezes, também de nomear. Como já advogava Lacoste (1976), o sentido de "regere" com que a região foi proposta precisa, de alguma forma, ser resgatado, o que não significa, contudo, ignorar a riqueza dos conceitos mais "tradicionais", como a (simplificadamente) chamada "região lablacheana", que ele, de forma bastante genérica, tratou inicialmente como "conceito-obstáculo".

É muito interessante perceber, entretanto, a recorrência de uma característica fundamental, a da região como parcela ou "recorte" do espaço, em múltiplas escalas, desde o corpo humano (para a Biologia e a Medicina [proposta 6], mas também para a Filosofia, como em exemplo trabalhado por Kant[6]) até o globo terrestre ("regiões" climáticas, geopolíticas, econômicas...) e o próprio universo (concepção 4a), passando pelos níveis urbano (5a), intranacional ou provincial (5b, 5d) e supranacional ou continental (5c, 4a).

Na verdade, justamente uma problemática que adquire ampla centralidade nas discussões geográficas, desde as origens da disciplina, é aquela que envolve o "recortar o espaço", tanto para nele nos orientarmos quanto para analisá-lo/compreendê-lo. É importante reconhecer que a própria origem etimológica do termo "região" já traz a alusão a "recorte" ou delimitação. Segundo o *Dictionnaire Étimologique de la Langue Latine*, "regio" "désigne

---

[6] A propósito, ver o comentário de Martins (2003:43) sobre o texto "Em torno do primeiro fundamento da distinção das regiões do espaço", de Kant, escrito em 1768 e publicado em português em duas versões, na primeira usando "regiões" (Kant, 1983), na segunda "direções" (Kant, 2006), demonstrando a interessante ambiguidade do termo em alemão, ao mesmo tempo "parte" (de um todo) e "direção" (no espaço).

les lignes droites tracées dans le ciel par les augures pour en délimiter les parties; de là le sens 'limites, frontières' et, par suite, 'portion délimitée, quartier, région'" ("designa as linhas retas traçadas no céu pelos áugures [adivinhos romanos] para aí delimitarem as partes; daí o sentido de 'limites, fronteiras' e, em consequência, 'porção delimitada, bairro, região'") (Ernout e Meillet, 1967:568). Por outro lado, ao mesmo tempo que se refere a limite, área delimitada, devemos lembrar que a raiz "reg" indicava também movimento (em linha reta).

Em analogia à História, podemos afirmar que, correspondendo aproximadamente ao que representa a periodização como questão central para os historiadores, a regionalização aparece como uma problemática central para os geógrafos. Alguns estudiosos, como o historiador Fernand Braudel e os geógrafos Christian Grataloup e David Wishart (2004), teorizaram essas interseções entre espaço geográfico e tempo histórico, tanto em um sentido mais amplo quanto a partir da perspectiva mais estrita da regionalização e da periodização. Os trabalhos "As regiões do tempo" e "Os períodos do espaço", de Grataloup (1991, 2006 [2003]) revelam no próprio título essa indissociabilidade entre os processos de "recortar" o espaço e de "recortar" o tempo. Grataloup (1991) chega mesmo a propor um exercício de passagem dos conceitos de região e dos métodos de regionalização mais conhecidos da Geografia (regiões homogênea e funcional; regiões administrativa e "vivida") para os métodos de periodização utilizados pelos historiadores. Em artigo anterior (Haesbaert, 2002 [original: 1993a]), também realizamos um exercício de reflexão sobre as imbricações dos diferentes "recortes" de tempo e espaço, configurando o que denominamos escalas espaçotemporais.

Pensar em região, assim, é pensar, antes de tudo, nos processos de regionalização — seja focalizando-os como simples procedimento metodológico ou instrumento de análise proposto pelo pesquisador, seja como dinâmicas efetivamente vividas e produzidas pelos grupos sociais. Incorporar como dimensão primeira o espaço não significa, nunca é demais enfatizar, que se trate de um espaço separado ou separável dos sujeitos que o constroem: a regionalização deve estar sempre articulada em análise centrada na ação dos sujeitos que produzem o espaço e na interação que eles estabelecem, seja com a "primeira" (cada vez mais rara, como já reconhecia o próprio Marx), seja com a "segunda" natureza.

1.2. Região: dos primórdios ao período hegemônico

Antes de ingressarmos na discussão sobre os fundamentos da diversificação do espaço geográfico contemporâneo e as novas conceituações que estão sendo propostas para a região/regionalização, é importante, ainda que de forma sucinta, retomar as raízes da análise regional e do conceito de região destacando as origens da abordagem regional e sua dominância em grande parte da chamada "Geografia tradicional", até as primeiras décadas do século XX, pois ela tem muito a nos ensinar sobre os caminhos que estão sendo ou que podem ser propostos na atualidade.

Entre as obras clássicas que realizaram reflexões de natureza teórica sobre a transformação do pensamento regional, sem dúvida uma das pioneiras e ainda hoje das mais importantes é *A Natureza da Geografia* (*The Nature of Geography*), de Richard Hartshorne[7], publicada há cerca de 70 anos, em 1939, e para muitos um marco na própria construção da geografia moderna — ou na passagem entre uma Geografia marcada por forte viés empiris-

[7] Não podemos esquecer, contudo, que Hartshorne inspira-se profundamente em Alfred Hettner, cuja obra mestra, *Die Geographie: ihre Geschichte, ihre Wesen und ihre Methoden* (de 1927), infelizmente não traduzida para o português, é um trabalho de base teórica fundamental com clara opção, também, como veremos logo a seguir, pela Geografia Regional.

ta e outra tida como mais propriamente "científica". Embora seja obra que aborda a Geografia em diferentes perspectivas, claramente se posiciona a favor da chamada Geografia Regional, objeto de alguns dos mais importantes capítulos e/ou itens do livro.

Como reconhece Hettner e, inspirado nele, o "primeiro" Hartshorne, muitos geógrafos, e não só no contexto anglo-saxônico, consideraram a Geografia o estudo da diferenciação de áreas do mundo, uma "ciência corológica". Ambos, de uma maneira ou de outra, bebem na fonte kantiana, que delega à geografia (e também à história) papel fundamentalmente descritivo, "idiográfico".

Sob essa inspiração, Hettner (2000) distingue ciências sistemáticas ou cronológicas e ciências corológicas[8]. Existiriam duas "ciências corológicas": uma estudando "o ordenamento das coisas no espaço universal", a astronomia; outra se ocupando do "ordenamento do espaço terrestre ou (...) da superfície terrestre" (p. 145), a Geografia. E ele assim justifica sua opção:

> *(...) podemos afirmar que não se deve renunciar à concepção, historicamente válida, da geografia como ciência corológica da superfície terrestre, ou ciência dos espaços terrestres, que se organiza com base em suas diferenças e nas relações entre os diferentes pontos, não só porque a lógica sistemática de outras concepções não resulta nem historicamente comprovada e nem praticamente realizável, mas porque, pelo contrário, constitui a exigência de uma sistemática das ciências logicamente completa* (Hettner, 2000:146).

---

[8] Para um balanço da contribuição fundamental de Hettner à Geografia, ver, em português, Etges (2009) e, em alemão, o trabalho-referência de Wardenga (1995).

Hartshorne, no final do segundo capítulo de *A Natureza da Geografia*, lembrando considerações de Hettner e Sauer, destaca o fato de a abordagem que privilegia a diferenciação de áreas se reportar até mesmo aos mais antigos geógrafos, como Heródoto e Estrabão, sendo conveniente utilizar então o termo "corologia", isto é, "ciência das regiões".

Ainda que alguns autores considerem opostos os "modelos" geográficos de Estrabão, mais histórico-descritivo e, portanto, "regional", e o de Ptolomeu, mais geral, "tido como matemático-cartográfico" (Gomes, 1996:130), a própria *Geografia*, de Ptolomeu, já abrigava claramente essa diferenciação, ainda que considerada a partir dos termos "geographia" (geral) e "chorographia" (regional). Segundo Ptolomeu, podemos afirmar, existe uma "geografia geral" (que ele denomina simplesmente *geographia*, por englobar a "Terra" como um todo) e uma "geografia regional" (que ele denomina *chorographia*, por envolver lugares específicos). Escrita no segundo século de nossa era, o primeiro item do "Livro 1" de *Geografia* intitula-se "Sobre a diferença entre *geographia* [mundial ou geral] e *chorographia* [regional]". Ptolomeu assim se expressa:

> *Geografia mundial [geographia] é uma imitação ["cópia"] através do delineamento de toda a parte do mundo conhecida, junto com as coisas que, de modo amplo, estão a ela conectadas. Difere da geografia regional [chorographia] naquilo que esta última, como disciplina independente, exibe as localidades individuais, cada uma independente e em si mesma, registrando praticamente tudo até a mínima coisa naquele lugar (por exemplo, portos, cidades, distritos, ramos dos rios principais, etc.), enquanto a essência da geografia mundial é mostrar o mundo conhecido como uma entidade simples e contínua, sua natureza e como está situado, só [considerando] as coisas que a ela estão associadas em suas linhas mais amplas e gerais (tais como golfos, grandes cidades, os*

povos e rios mais importantes, e as coisas mais notáveis de cada tipo)[9] (Ptolomeu, 2000:57; tradução livre da edição em inglês).

Ptolomeu ressalta que essas duas, para nós, hoje, "geografias", seguem princípios distintos. Enquanto a geografia mundial [*geographia*] é mais quantitativa, a geografia regional [*chorographia*] é mais qualitativa. Metodologicamente falando, a geografia regional, ou melhor, a "corografia", requer estudiosos que dominem o desenho, pois implica esboçar paisagens, enquanto a "geographia" (geral), mais abstrata, não pressupõe esses requisitos, já que está envolvida com "posições e configurações gerais por meio unicamente de linhas e marcas" (p. 58), a começar pela forma, tamanho e posição da Terra. Embora as duas adquiram, neste momento, caráter descritivo, certamente podemos dizer que se encontram aí os primórdios de duas tradições geográficas modernas: a nomotética, mais abstrata, preocupada com as generalizações e, mais tarde, com o caráter "científico" da Geografia, e a

[9] No original em inglês: "World cartography is an imitation through drawing of the entire known part of the world together with the things that are, broadly speaking, connected with it. It differs from regional cartography in that regional cartography, as an independent discipline, sets out the individual localities, each one independently and by itself, registering practically everything down to the least thing therein (for example, harbors, towns, districts, branches of principal rivers, and so on), while the essence of world cartography is to show the known world as a single and continuous entity, its nature and how it is situated, [taking account] only of the things that are associated with it in its broader, general outlines (such as gulfs, great cities, the more notable peoples and rivers, and the more noteworthy things of each kind)". Ptolomeu utiliza os termos "geographia", para o que o tradutor inglês optou por "world cartography", e "chorographia", traduzido como "regional cartography". Preferimos considerar aqui as expressões mais usuais, "geografia mundial" e "geografia regional", principalmente em função das considerações que se seguem.

idiográfica, mais concreta, enfatizando as singularidades e/ou particularidades e a descrição do espaço.

Já no alvorecer da "era moderna", outro autor que deve ser lembrado quando falamos das bases da distinção entre uma geografia "corológica" ou regional e uma geografia sistemática ou geral é Bernard Varenius, que, ainda em 1650, firmou os termos "geografia geral" ou "universal" e "geografia especial" ou "particular":

> *Dividimos a geografia em geral e especial ou universal e particular. (...) A geografia geral ou universal é aquela que considera a Terra em geral e explica suas afeições [affections]*[10] *sem considerar regiões particulares. A geografia especial ou particular é aquela que mostra a constituição de regiões individuais da Terra: é dupla, incluindo a corografia e a topografia. A corografia se refere à descrição de uma região que é pelo menos de tamanho médio. A topografia descreve um pequeno trecho da Terra ou um lugar*[11] (Varenius, 1981 [1664]:279; tradução livre do inglês).

[10] Numa nota, o tradutor para o inglês, de onde retiramos essa citação, explica: "o termo *affection* para Varenius pode indicar uma propriedade, um estado ou condição, uma relação ou influência, ou uma mudança de condição. Por isso frequentemente é de difícil tradução, e foi mantido sempre que apareceu". Lembramos que em português o termo inglês "affection" também pode significar pendor, inclinação.

[11] No original aqui traduzido: "(...) We subdivide geography into general and special, or universal and particular (...) General or universal geography is that which considers the earth in general and explains its affections without regard to particular regions. Special or particular geography is that which teaches the constitution of individual regions of the earth: it is twofold, consisting the corography and topography. Chorography is concerned with description of a region that is at least of medium size. Topography describes some small tract of the earth or a place".

Em certo sentido ele antecipa considerações atribuídas muito mais tarde ao próprio Hartshorne, de que a região, além de base empírica de observação, é um campo de verificação de relações mais gerais, pois a "geografia especial, observando regras gerais, considera, no caso das regiões individuais, sua situação [*site*], divisões, limites e outros tópicos que devem ser conhecidos". (Varenius, 1981:277)

Segundo Vidal de La Blache, a obra fundamental de Varenius (reeditada depois por Isaac Newton) já estabelece o princípio de que as "regras" ou "leis gerais" orientam a especificidade da "descrição particular" de cada área:

> *A geografia, diz ele [Varenius], é dupla. Há uma geografia geral — quase totalmente negligenciada ainda hoje — e uma especial. A primeira considera a Terra em seu conjunto, explicando as diferentes partes e os fenômenos gerais; a segunda,* guiando-se sobre as regras gerais, *estuda cada área, etc. Poderíamos a partir daí afirmar que o dualismo indicado por Varenius é apenas aparente, pois a relação entre as leis gerais e as descrições particulares, que são a sua aplicação, constitui a unidade íntima da geografia* (Vidal de La Blache, 2002[1895]:140, grifo nosso).

Ainda que a discussão sobre região em Geografia remonte a esses primórdios da disciplina, como identificado pelo próprio Hartshorne, seu "período clássico" se estabelece com as figuras de Humboldt e Ritter, na primeira metade do século XIX. Para muitos, Ritter seria uma espécie de "pai fundador" da Geografia Regional, se não da própria Geografia científica como um todo (caráter científico que, pelo menos na leitura de Vidal de La Blache, já estaria contemplado na obra de Bernard Varenius).

Embora a distinção entre um Humboldt "geógrafo geral" e um Ritter "geógrafo regional" deva ser questionada, pois se revela muito simplista pelos amplos entrecruzamentos de ambos, muitos consideram que o segundo deu mais ênfase ao caráter "corológico" da Geografia. Quanto a Humboldt, é importante lembrar, como o faz Schaefer (1977), sua distinção entre uma "descrição cosmológica", a "cosmologia" de fundamentação romântica, próxima mesmo da arte, e a "ciência" da geografia, mais sistemática, que ele, ao contrário de Kant, situa ao lado das ciências físicas e naturais[12].

Segundo Hartshorne (1939), Ritter organizava a enorme quantidade de informações geográficas que acumulava de acordo com o "princípio corológico" ou espacial (*räumliche*) e suas "relações coerentes", definidoras do caráter de cada área. Vê-se em Ritter, assim, a preocupação em trabalhar com a Geografia Regional através da especificidade do inter-relacionamento de fenômenos ou elementos gerais em cada área (ou região)[13].

Ao longo das primeiras décadas do século XX, período de amplo domínio da chamada Geografia Regional, além da obra ímpar de Alfred Hettner, infelizmente inacessível em português, três geógrafos tiveram grande destaque nesse debate: Paul Vidal de La Blache, Carl Sauer e Richard Hartshorne. Esses autores, em

---

12 Para uma leitura da complexidade do pensamento de Humboldt, dificilmente redutível a uma abordagem estritamente "romântica", tamanha a fusão que realizou entre "ciência" e "arte", ver, em português, o trabalho de Ricotta (2003). Para uma abordagem do amálgama romântico-racional também em Ritter, ver Gomes (1996), cap. 6.

13 Embora geralmente os termos "área" e "região" se confundam, Hartshorne, citando outros autores, indica que também existe um debate conceitual sobre "área". Segundo ele, Sauer — numa analogia organicista — trata a "área" como "algo corpóreo", com sua "anatomia" e possuindo "forma, estrutura e função" (Sauer, apud Hartshorne, 1939:431). Já Bürger afirma que "a luta quanto ao conceito geográfico de área (*Erdraum*) foi uma luta pela validade da ciência geográfica em geral (...) A Geografia só é essencialmente independente se possui um conceito próprio de área terrestre. Quanto mais significativo for este conceito de área, maior será o respeito pela ciência da Geografia" (Bürger, apud Hartshorne, 1939:432).

distintas perspectivas, enfatizaram a "diferenciação de áreas" (ou, se preferirmos, em sentido muito amplo, "regional") como questão fundamental para o trabalho do geógrafo. Mas enquanto La Blache, pelo menos na fase que se tornou a mais difundida de seu trabalho, via a região como "algo vivo", uma "individualidade" ou mesmo uma "personalidade geográfica", Hartshorne a percebia mais como um construto intelectual e que, como tal, poderia variar (inclusive em suas delimitações) de acordo com os objetivos do pesquisador.

Já Sauer, com um grau de racionalismo que às vezes parece permanecer a meio caminho entre aquele do "primeiro" Vidal de La Blache e Richard Hartshorne, buscava na Geografia Regional uma "morfologia da paisagem" que se preocupava ao mesmo tempo com as singularidades e com a comparação dessas "paisagens individuais", num "sentido corológico pleno, isto é, a ordenação de paisagens culturais". Para ele, "A geografia regional é morfologia comparada, o processo de comparar paisagens individuais em relação com outras paisagens" (Sauer, 1998 [1925]: 60).

Apesar de suas divergências em relação ao enfoque regional, podemos afirmar que são pontos comuns entre os três autores:

— a importância dada ao específico, ao singular — aquilo que "um certo" La Blache (pois, como veremos mais à frente, há várias posições teóricas desse autor frente à região) vai denominar "individualidade" ou "personalidade geográfica" e Hartshorne, "diferenciação de áreas"; apesar de não serem partidários de um empirismo estrito, baseado na descrição de características únicas, como muitas leituras simplificadoras alegam, nenhum dos três autores muito menos é defensor explícito de um racionalismo lógico-analítico;

— o estudo integrador ou de "síntese" que permite perceber uma coesão/coerência interna à região, envolvendo as múltiplas dimensões do que hoje tratamos como espaço geográfico, a começar pelas "humanas" e "naturais".[14]

— a continuidade espacial — nenhum deles trabalha com regiões fragmentadas ou descontínuas, embora La Blache, na região "nodal", admita sobreposições, e Hartshorne, ainda que sob uma perspectiva crítica, admita a proposição de regiões descontínuas.

— a (relativa) estabilidade regional — embora mais visível na obra inicial de La Blache[15] — fica implícita nas propostas de Sauer e Hartshorne (que, na obra que consiste numa espécie de revisão de seu *The Nature of Geography* [Hartshorne, 1978], discute de modo mais incisivo os fluxos e as regiões funcionais).

— a relação entre região e uma "mesoescala" de análise, aspecto esse não exatamente proveniente da abordagem

---

[14] Nas palavras de Sauer, "ao se dar preferência ao conhecimento sintético de áreas para a ciência geral da terra, estaremos de acordo com toda a tradição da geografia" (1998:17). Para ele, vários geógrafos, incluindo La Blache, teriam reafirmado a "tradição clássica da Geografia como relação corológica" (p. 21), por ele também partilhada, como fica evidente em sua concepção de paisagem: "uma área composta por uma *associação distinta* de formas, ao mesmo tempo físicas e culturais" (p. 23, grifo nosso). Sobre essa "síntese" humano-natural, La Blache afirma que "uma individualidade geográfica (...) não é uma coisa dada de antemão pela natureza. (...) É o homem que, ao submetê-la ao seu uso, ilumina sua individualidade" (Vidal de La Blache, 1994:20).

[15] Mesmo reconhecendo que "revoluções econômicas como aquelas que se desdobram nos nossos dias imprimem uma agitação extraordinária à alma humana", o La Blache do *Tableau* considera que "este distúrbio não deve nos subtrair o fundo das coisas (...) O estudo atento daquilo que é *fixo e permanente* nas condições geográficas da França deve ser ou tornar-se mais do que nunca o nosso guia" (Vidal de La Blache, 1994 [1903]:547, grifo nosso). Não podem ser ignoradas, entretanto, distinções como aquela entre o La Blache do *Tableau* de 1903 e o de *Princípios de Geografia Humana*, editado em 1921 (Vidal de la Blache, 1954, para a edição portuguesa), com uma de suas três partes dedicada à análise da circulação.

desses três autores, mas de uma tradição mais ampla em Geografia Regional; esta "mesoescala" estaria geralmente situada num nível sub ou infranacional, imediatamente referida ao Estado-nação.

Na verdade, para além dessas propriedades gerais e (relativamente) comuns é importante destacar nesses clássicos, também, a riqueza de suas abordagens no sentido da diversidade/complexidade de concepções presentes, muitas vezes, na figura de um único autor[16]. Deve-se observar, então, como esses três geógrafos propuseram métodos próprios, às vezes um tanto ecléticos, de análise geográfica — e, mais propriamente, regional, sem nunca, entretanto, cair no simplismo de um método eminentemente empirista, ainda que num sentido muito geral e de modo especial em determinada fase de suas produções esse método possa ser considerado predominante.

Sauer, por exemplo, ao mesmo tempo em que defende um "método morfológico", "empírico" (1998:30-31) de estudo da paisagem, afirma também que a paisagem geográfica "não é simplesmente uma cena real vista por um observador. A paisagem geográfica é uma generalização derivada da observação de cenas individuais", um "tipo", pois o geógrafo "tem sempre em mente o genérico e procede por comparação" (1998:24). Mesmo Vidal de la Blache (1994 [1903]), sempre lembrado mais por suas proposições empiristas, deixa clara sua preocupação com relações mais gerais em expressões como "os efeitos incoerentes de circunstâncias locais, [o homem] substitui por um concurso sistemático de forças" e a "personalidade" geográfica "corresponde a um grau de desenvolvimento já avançado de relações gerais" (p. 20). Gomes (1996) enfatiza essa interpretação mais complexa do pensamento lablacheano, "cruzamento de influências", e mostra também as ambiguidades do pensamento de Hartshorne, o mais racionalista dos três.

---

[16] É importante ressaltar que a ênfase "tradicional" nesses autores não significa ignorar a relevância de outros (como Élisée Reclus), às vezes menosprezados nos aportes que trouxeram à Geografia Regional.

Nessa perspectiva, muito provavelmente Paul Vidal de La Blache é o autor de maior versatilidade conceitual. Robic e Ozouf-Marignier (1995)[17] resgataram a complexidade do pensamento regional vidaliano, relendo minuciosamente seu trabalho e identificando uma série de momentos (a partir da seleção de oito obras) ao longo dos quais o conceito de região foi sendo reelaborado. Propomos reunir esses diferentes momentos em três grandes fases, correspondentes aproximadamente a três concepções distintas de região.

a) Uma primeira fase, ainda pautada em certo determinismo físico-natural, que rejeita as divisões político-administrativas como base para a regionalização e propõe a valorização das unidades fisiográficas (mas cujo "elemento determinante" pode variar de uma região para outra; numa, o clima; noutra, a geologia, por exemplo); visível sobretudo na obra "As divisões fundamentais do território francês" (Vidal de La Blache, 1888).
b) Uma segunda fase, em que podemos identificar uma espécie de transição da região de bases naturais para uma região definida sobretudo pela ação humana ou, pelo menos, resultante da "relação homem-meio"; representada, especialmente, por sua obra clássica *Tableau de la Géographie de la France* (Vidal de La Blache, 1903), mas também pela conferência "Os *pays* da França" (de 1904).
c) Uma terceira fase, em que ocorre a introdução da concepção de região econômica e, de forma implícita, de região funcional, através da concepção de "nodalidade"[18], afirmada com

[17] Para as citações neste livro ainda utilizamos a versão original do artigo em francês, mas há uma versão em português, publicada na revista GEO*graphia* n. 18 (Robic e Ozouf-Marignier, 2007).

[18] "Aujourd'hui la *nodalité*, si l'on entend par cette expression nouvelle la réunion de tous les auxiliares que réclame la vie commerciale et industrielle, l'emporte sur toute autre considération (...)". ["Hoje a *nodalidade*, se

ênfase no final de sua obra (1917), quando considera que os limites regionais são fluidos[19] e a industrialização é a principal responsável pela configuração regional[20], com destaque para seu artigo "Régions Françaises" (Vidal de La Blache, 1910).

Se enfatizarmos, como fez Yves Lacoste, o caráter geopolítico de sua última grande obra, *La France de l'Est* (Vidal de la Blache, 1994[1917]), podemos dizer que também aí está explícita a relevância do tratamento regional a partir da formação dos regionalismos, ou seja, tomado em sua dimensão política. Para completar, se considerarmos, com alguma concessão, que a questão da identidade regional já estava presente também no tratamento dado por Vidal aos *pays* franceses, o autor acaba, de alguma forma, percorrendo todas as grandes dimensões abordadas pelas concepções

---

entendemos por esta nova expressão a reunião de todos os auxiliares que a vida comercial e industrial exige, se sobrepõe a qualquer outra consideração"] (La Blache, 1911, apud Ozouf-Marignier e Robic, 1995:49, tradução livre). Essa inovação no pensamento lablacheano não foi, contudo, completamente ignorada. Grigg (1974[1967]), por exemplo, se reporta a Wrigley (1965) para lembrar que Vidal, "tão intimamente associado ao conceito de *pays*, sugeriu em 1917 que a maneira mais útil de estudar a geografia regional no futuro poderia ser o [sic] de considerar o hinterland de uma cidade importante e suas relações com as aldeias tributárias" (p. 31).

19 "Lorsqu'il s'agit de région, il ne faut pas trop chercher des limites. Il faut concevoir la région comme une espèce d'auréole qui s'étend sans limites bien déterminées, qui encercle et qui s'avance" ["Quando se trata de região, não é preciso procurar muito os limites. É preciso conceber a região como uma espécie de auréola que se estende sem limites bem determinados, que encerra e que avança"] (La Blache, 1917, apud Ozouf-Marignier e Robic, 1995:52, tradução livre).

20 "L'idée régionale est sous sa forme moderne une conception de l'industrie: elle s'associe à celle de metrópole industrielle" ["A ideia regional, sob sua forma moderna, é uma concepção da indústria: ela se associa àquela de metrópole industrial"] (La Blache, 1917, apud Ozouf-Marignier e Robic, 1995:52, tradução livre).

geográficas básicas de região e que ainda hoje são discutidas. Ou seja, o caráter pioneiro de La Blache vai muito além das interpretações normalmente feitas sobre sua obra, em geral divididas entre um Vidal "passadista-ruralista", mais tradicional, enfatizado por tantos autores (incluídos renomados, como Jacques Lévy [1999] e Nigel Thrift [1996]), e um Vidal "modernista", "urbano-industrial", vinculado ao planejamento estatal ou mesmo à geopolítica.

1.3. Morte e vida da região

Através do rico e múltiplo legado de Vidal de La Blache é possível evidenciar que a região já nasce fadada a idas e vindas, desconstruções e reformulações. Recorrendo agora à história do pensamento geográfico, numa abordagem bastante ampla, podemos afirmar que a região "morre" e "ressuscita" (obviamente sob "corpos" um tanto distintos...) ao longo das diferentes abordagens assumidas e/ou propostas pelos geógrafos. Isto não quer dizer, é claro, que estejamos advogando um processo histórico linear ou mesmo "cíclico", pois bem sabemos que diferentes conceituações vão sendo propostas enquanto as mais antigas não desaparecem, convivendo ou mesmo se cruzando com estas novas criações — que também, desse modo, nunca são completamente "novas". Assim, quando propomos falar em "vida e morte" da região, queremos com isto reconhecer os grandes processos ou o "pano de fundo" sobre o qual vão sendo redesenhados paradigmas e teorias, fundamentadas em novas bases ou composições filosóficas.

Alguns, nestas últimas duas (ou mesmo três) décadas, têm falado em "morte da região"[21] — no mesmo fluxo de discursos que

---

[21] Ver por exemplo Gregory, 1978 (p. 171), e Smith, 1988. Agnew (1999) fala de um "período de 'extinção' regional" na década de 1990, especialmente no que se refere às regiões da "metageografia" global.

incluem o "fim dos territórios" ou mesmo o "fim do espaço" e, com ele, numa visão extremamente simplificadora, o fim da própria Geografia (O'Brien, 1992; Virilio, 1997). Enquanto o fim dos territórios encontra-se acoplado à crise do "sujeito territorializador" por excelência ou clássico, que é o Estado-Nação, o fim das regiões apareceria associado à crescente homogeneização ("capitalista", "globalizadora") que estaria levando à padronização do próprio espaço geográfico, impedindo ou dificultando o reconhecimento de singularidades "regionais" num mundo cada vez mais unificado pelas redes mercantis de uma sociedade culturalmente mundializada. Trata-se de perspectiva já suficientemente analisada e criticada por diversos autores (nós entre eles, sobretudo em Haesbaert, 1998a).

Cabe aqui enfatizar principalmente o caráter epistemológico da questão, destacando as idas e vindas do conceito ao longo do pensamento geográfico — sem ignorar, evidentemente, sua indissociabilidade em relação às transformações do contexto geo-histórico no qual emerge e/ou ao qual aparece articulado. Este percurso sugere também que, mesmo aceitando o fato de a região estar "morrendo", devemos reconhecer que não se trata de fato inusitado, uma vez que em outros momentos, no passado, também se decretou sua "morte" — e, o mais surpreendente, às vezes na figura de um mesmo autor temos, ao mesmo tempo, sua "eliminação" e sua "ressurreição"...

Qual o sentido, assim, de decretar hoje o fim das regiões? Nossa problematização incorpora a ideia de que a "morte" da região não é um fato recente, e sua história demonstra idas e vindas, "mortes" e "ressurreições" recorrentes que manifestam, no final, sua firme resistência. A melhor prova disso é que, paralelamente aos discursos de sua "morte", aparecem, quase concomitantes e com idêntica frequência, os discursos de sua permanência ou da sua renovação. Apenas para citar alguns exemplos: fala-se da "reconstrução" da Geografia Regional (Thrift, 1983; Pudup, 1988); do *revival* da Geografia Regional (Paasi, 1986) e de uma "nova

Geografia Regional" — anglo-francesa (Gilbert, 1988, já aqui citada) ou sem especificação nacional (Thrift, 1990, 1991).

Podemos delimitar três grandes momentos em que se decretou a "morte" da região em Geografia — o neopositivismo, o marxismo e, na falta de expressão melhor, o "globalismo pós-moderno". A partir daí delinearemos os principais caminhos que se colocam por sua "ressurreição" nas últimas duas décadas, em que visualizamos pelo menos três grandes vertentes interpretativas: o pós-estruturalismo em consideração mais estrita, tanto num sentido mais materialista quanto mais idealista (ou "discursivo"), a teoria da (estrutur)ação, especialmente aquela inspirada em Anthony Giddens, e as novas correntes materialistas ligadas, sobretudo, a um marxismo bastante aberto e renovado — sem ignorar as formas de amálgama possíveis entre essas diversas perspectivas.

Considerando a trajetória da região ao longo da história do pensamento geográfico, facilmente identificamos fases de um rico processo de construção, destruição e reconstrução do conceito. Geógrafos brasileiros como Corrêa (1986), Gomes (1988; 1995), Lencioni (1999) e nós mesmos (Haesbaert, 1988, 1999, 2003) realizaram sínteses importantes sobre esse percurso conceitual. Nossa intenção aqui é a de retomar de maneira sucinta este debate, priorizando seus momentos de alegada ruptura, ou seja, os momentos em que, de alguma forma, foi decretada a "morte" da região.

Já vimos que a distinção entre uma Geografia Geral, sistemática ou tópica e uma Geografia Regional ou "especial" nasce com a própria Geografia como um todo, pois desde os antigos gregos podemos dissociar uma perspectiva de reflexões mais gerais e outra de caráter mais sintético e particularizado. Nossos currículos universitários reproduzem claramente, ainda hoje, a dicotomia geral-regional. Ao regional caberia, sempre, o papel mais efetivo da chamada "síntese" geográfica, traduzida pelo estudo de áreas específicas em que se manifestaria a unidade entre físico e humano, entre urbano e rural, entre geral e particular — tarefa raramente bem-sucedida, provavelmente apenas visível em alguns autores, tendo à frente o já citado trabalho precursor de Paul Vidal de la Blache. Ele próprio reconhecia a impropriedade dessa divisão:

> *Não se pode mais questionar (...) uma antinomia de princípio entre duas espécies de Geografia: uma que, sob o nome de Geografia Geral, seria a parte verdadeiramente científica; e a outra que se aplicaria, tendo como fio condutor somente uma curiosidade superficial, na descrição de regiões. De qualquer maneira que se enfoque, são os mesmos traços gerais, nos seus encadeamentos e na sua correlação, que se impõem à atenção* (Vidal de la Blache, 1982[1913]:41).

Sobre essa relação entre Geografia Regional e sistemática, Hartshorne, por sua vez, após críticas recebidas a *The Nature of Geography* por ter priorizado a primeira em detrimento da segunda, afirma explicitamente, décadas mais tarde, ter mudado de posição e conclui:

> *A Geografia não pode ser considerada como dividida em estudos que analisam elementos individuais através do mundo e estudos que analisam complexos totais de elementos, por áreas. Aqueles constituem, logicamente, parte integrante das ciências sistemáticas respectivas, ao passo que estes simplesmente são irrealizáveis. Todos os estudos da Geografia analisam as variações espaciais e as conexões de fenômenos em integração. Não existe dicotomia ou dualismo. (...) todo e qualquer estudo verdadeiramente geográfico envolve o emprego de ambos critérios, o tópico e o regional (p. 128-129). Os estudos geográficos não se dividem em dois grupos, mas se distribuem ao longo de um* continuum *gradual, a partir dos estudos tópicos de integração mais elementar, num extremo, até os estudos regionais da mais completa integração, no outro extremo* (Hartshorne, 1978 [1959]: 152).

Outro sentido muito comum associado à Geografia Regional tem caráter menos teórico-conceitual (ou de método de interpretação) e mais pragmático, como método de investigação, no sentido mais instrumental, e refere-se sempre aos *processos de regionalização* enquanto procedimentos metodológicos efetuados pelo próprio pesquisador. Esta vertente mais pragmática do regional deriva da forte e já antiga relação do trabalho do geógrafo com o aparelho de Estado e com a Economia, especificamente com os órgãos de planejamento territorial (incluído aí, obviamente, o planejamento regional).

Por fim, é interessante lembrar que a força da Geografia Regional chegou a tal ponto, que ela foi erigida como fundamento paradigmático da disciplina, principalmente na chamada Geografia clássica de tradição francesa e também, em parte, da Geografia alemã, cuja influência alcançou a Geografia norte-americana de Carl Sauer e, posteriormente, de Richard Hartshorne e Derwert Whittlesey. Pelo menos nesse período existe uma visão da Geografia Regional como núcleo-chave da Geografia, enfatizando a influência dessa abordagem no pensamento geográfico como um todo. Daí o fato de a região ter-se transformado naquilo que poderíamos conceber como o conceito mais pretensioso da Geografia, "síntese" dos múltiplos componentes do espaço geográfico, visando dar conta, assim, de todas as dimensões do espaço, como se, para muitos, a região condensasse de forma mais coerente ou até mesmo mais aprofundada uma concepção de espacialidade mais condizente com o trabalho do geógrafo.

O ir e vir dos conceitos ao longo da história de um campo de conhecimento é revelador da busca não tanto de novas expressões, de novas palavras, mas, sobretudo, de novos conteúdos que essas palavras comportam, capazes de expressar as transformações da realidade. Como afirmava Milton Santos, ainda em 1978:

> *Os progressos realizados no domínio dos transportes e das comunicações, bem como a expansão da economia interna-*

cional — que se tornou "generalizada" —, explicam a crise da noção clássica de "região". Se ainda pretendemos manter a denominação, somos obrigados a redefinir a palavra (Santos, 2008[1978]).

Hoje, na Geografia, a hegemonia do conceito de território — pelo menos nas geografias latinas (e sobretudo na latino-americana), já que na anglo-saxônica há o domínio do conceito de lugar — parece próxima daquela adquirida pelo conceito de região no início do século XX. Isto, em nosso entendimento, não significa que tenhamos de substituir o conceito de região pelo de território, como, direta ou indiretamente, acabam fazendo alguns autores, mas verificar de que perspectivas ou de que questões eles (ainda) são capazes de dar conta[22].

Vejamos então, ainda que de forma sucinta, como o conceito de região foi pretensamente suplantado e resgatado naquilo que denominamos, simplificadamente, suas três "mortes" ao longo da história do pensamento geográfico. Refletir sobre esses momentos ajuda a entender por que acreditamos em sua reabilitação para dar conta, pelo menos em parte, da dinâmica socioespacial contemporânea.

Morte e vida da região numa perspectiva neopositivista

O paradigma regional clássico na Geografia, mais empirista e de raízes sobretudo alemãs e francesas, perdurou, dependendo do país, até os anos 50-60 do século passado. Os primeiros — ou pelo menos os mais enfáticos — a decretar a morte da região nessa perspectiva clássica foram os chamados geógrafos quantitativistas

---

[22] Sobre esta relação de "atração e repulsa" entre os conceitos de território e região, ver Cap. 3 deste livro, "Região numa 'constelação' de conceitos: espaço, território e região".

ou neopositivistas. Trata-se da passagem do paradigma corológico clássico, também dito da "diferenciação de áreas", para o paradigma espacial ou da classificação de áreas.

Nesse sentido, o artigo de Schaefer, em 1953, construído basicamente em contraposição ao paradigma regional hartshorneano, foi um marco[23]. Apesar de reconhecer a indissociabilidade das geografias regional e sistemática, em sentido amplo, ele acusa a Geografia "corológica" de sobrevalorizar o regional em detrimento do sistemático. As raízes dessa abordagem estariam na "Geografia" de Kant[24], quando este afirma o caráter descritivo ou, na expressão de Schaefer, o "excepcionalismo" da Geografia, impossibilitada, juntamente com a História, de atingir um patamar "científico" e condenada a ser um conhecimento idiográfico, da "unicidade" (qualidade de ser "único") do mundo. Hartshorne, a sua maneira e pretensamente inspirado em Hettner[25], teria seguido percurso semelhante. Assim, diz Schaefer:

> *Para Kant, a Geografia é descrição; para Harsthorne, é 'ciência ingênua' ou, se aceitarmos a sua acepção de ciência, descrição ingênua. Como se poderia esperar de tudo isso (...), os*

---

[23] Para um balanço deste embate Schaefer-Hartshorne, ver "O artigo de Schaefer e a resposta", em Johnston, 1986 (p. 74-83). É importante lembrar que, como Schaefer faleceu antes mesmo de seu artigo ser impresso, as respostas de Hartshorne (a principal delas seu livro *Perspectives on the Nature of Geography* [Hartshorne, 1978(1959)]) não representaram, em sentido mais estrito, um debate.

[24] Para uma versão em português da "Introdução" da Geografia de Kant, justamente aquela em que se encontra a longa citação utilizada por Schaefer em seu artigo, ver Kant, 2008. Uma leitura mais complexa do pensamento de Kant em relação à Geografia encontra-se em Vitte, 2007.

[25] "Pretensamente" inspirado porque, segundo Schaefer, a base idiográfica do posicionamento de Hettner só se sustenta pelo caráter seletivo e parcial das citações feitas por Hartshorne. Hettner, de fato, poderia mesmo ser indicado em sustentação da abordagem nomotética (a esse respeito, v. longa citação de Hettner que se encontra em Schaefer, 1977:15-16).

estudos regionais são, para Hartshorne, o âmago da geografia. (...) A geografia, segundo Hartshorne, é essencialmente idiográfica. Quando leis são descobertas ou aplicadas, não estamos mais na área da geografia (Schaefer, 1977[1953]).

Mas até mesmo os geógrafos "teoréticos", em sua visão cientificista da disciplina, em moldes neopositivistas, acabaram reabilitando o conceito de região em outras bases. O próprio Schaefer, em seu famoso artigo de 1953, não excluía a região *tout court*, mas fundamentalmente aquela ligada à "corologia" ou "diferenciação de áreas". Para ele, fica clara a possibilidade de retomá-la através de tipologias, substituindo a "diferenciação" pela "classificação" — cada região configurando um "tipo" ou "classe" de área. Diz ele:

> *Um tipo é apenas uma classe. Uma classificação inteligente ou se antecipa ou se apoia em algum tipo de lei (...) Caso a noção de tipo seja finalmente esclarecida pelo reconhecimento de tratar-se, simplesmente, de uma classificação útil, então também estará próximo a chave para um dos conceitos mais fundamentais da geografia, a concepção de região. Pois uma região é definida convencionalmente como uma área homogênea no que diz respeito a uma ou duas* categorias *de fenômenos* (Schaefer, 1977[1953]:32; grifo do autor).

Muitos, entretanto, consideram a redução da região a "tipos" ou "classes" de área, praticamente, a decretação de sua morte. A região, aí, estaria reduzida a um instrumental metodológico, a uma operação de "regionalização", em sentido mais amplo e abstrato. Grigg (1974) desenvolve toda uma argumentação a favor da concepção de regionalização análoga aos processos de classificação de área e, portanto, de região como classe de área. Envolvido diretamente com o debate da "cientifização" da Geografia via lógica formal, ele é simpático aos próprios princípios taxonômicos utilizados pelas ciências naturais (os "vários campos onde seja estudada a distribuição espacial dos fenômenos"). Segundo ele:

> *Se aceitarmos agora o argumento de que a classificação e a regionalização são normas análogas (...) podemos levar o argumento a um estágio mais adiantado. As normas fundamentais de taxonomia têm por base as normas de classificação e divisão da lógica formal. A classificação pode ser considerada com proveito em termos de lógica formal para esclarecer algumas das questões e isto é muito útil quando aplicada a um campo particular (...)* (Grigg, 1974:25).

Para Grigg, pelo menos desde a metade dos anos 50 a concepção de região como "organismo", na visão naturalista de Herbertson (1913), como uma "entidade genuína", como queria Hartshorne em *The Nature of Geography*, ou como "objeto concreto", estava completamente superada. E ele se pauta em Whittlesey, para quem, em artigo de 1954, "a aceitação da região como realidade objetiva (...) está completamente rejeitada", a região e a regionalização resumindo-se agora a "um expediente para isolar características de áreas" (p. 44).

Parte-se do pressuposto de que a classificação em sentido mais estrito é um agrupamento de objetos (municípios ou unidades estatísticas, por exemplo) de acordo com semelhanças que se referem a suas propriedades (configurando "regiões uniformes") ou a suas relações (analogamente às "regiões nodais" ou polarizadas). Seleciona-se uma "característica diferenciadora", comum a todos os objetos, a fim de agrupá-los em classes que, por sua vez, podem ser hierarquizadas em diversas "ordens", cada uma com um número "x" de "tipos" ou "regiões". Processo similar, mas inverso, e mais valorizado por Grigg, é o da divisão lógica. Inicia-se com o "universo" geral e, a partir de um determinado princípio, estabelecem-se "espécies" que se assemelham a uma categoria de classes. Aqui, segundo Grigg, "em vez de procurar semelhanças, estamos procurando diferenças, e em vez de compor estamos decompondo".

Trata-se de dois métodos que compõem a classificação em seu sentido mais amplo, um indutivo, "sintético", por "agregação", outro dedutivo, "analítico", por "subdivisão" — ambos reconhecidos como relevantes para as "classificações científicas" (e, mais uma vez, Grigg cita tanto a Geografia quanto as ciências naturais). Acaba optando, entretanto, pela "regionalização analítica" porque é ela efetivamente que permitirá a construção de modelos; modelos cuja essência, ressalta o autor, é sempre exploratória, devendo ser constantemente testados.

Região como classe de área acabou constituindo, na verdade, uma enorme simplificação em relação à riqueza de feições e à complexidade com que muitas vezes a região geográfica tradicionalmente era abordada, em especial ao menosprezar o trabalho de campo e ao considerar a fonte de dados estatística, matemática, como mais "objetiva", além do enorme empobrecimento da "narrativa regional" geográfica. Denominamos esse processo passagem da "região indivíduo" (ou "personagem", para utilizar uma terminologia lablacheana) à "região sem identidade":

> *Acreditava-se que o rigor científico estaria assegurado pela precisão das análises quantitativas e pelo método teórico-dedutivo, resultando em "n" regiões ou tipologias espaciais, moldáveis de acordo com os objetivos do pesquisador. Muitos autores evidenciavam aí o desaparecimento da região ou simplesmente desconsideravam o conceito como relevante na análise geográfica, intimamente associado à corrente majoritária da Geografia tradicional* (Haesbaert, 1988:17).

É interessante observar, contudo, que esta visão que vincula estreitamente a regionalização como instrumento analítico e a região como recorte espacial produzido por esse método (uma espécie de região *a posteriori*, no sentido de ser um produto que se diferencia conforme os princípios de regionalização adotados pelo pesquisador) não ficou restrita exclusivamente ao enfoque neopositivista, tendo sido com frequência defendida, direta ou indiretamente, em outras linhas teóricas.

Uma leitura que decorre da abordagem neopositivista da região (a partir da classificação por semelhança de relações, há pouco citada), mas que, como já vimos, tinha inspiração na própria Geografia lablacheana (através de sua noção de nodalidade que, por sua vez, tem raízes na obra de Mackinder) e que, de certa forma, representa uma "ressurreição" da região no bojo dessa própria corrente, é a que se vincula a um certo funcionalismo, vendo o espaço como um sistema de fluxos em que cada parcela ou subsistema desempenha um conjunto específico de funções. Aparecem assim as "regiões funcionais", inspiradas também na teoria do lugar central de Christaller, segundo a qual um centro polarizador urbano estende seu raio de influência sobre um espaço "regional", admitindo zonas de sobreposição a outras regiões funcionais.

Funda-se aí uma distinção, não obrigatoriamente dicotômica, entre as chamadas "regiões homogêneas" ou "uniformes" e as "regiões funcionais" ou "polarizadas", simplificadamente resumida no Quadro 1, a seguir, e que será retomada mais à frente.

Deve-se enfatizar nesse quadro a presença de dois grandes princípios distintos, mas complementares, que acabaram pautando grande parte dos debates sobre região e regionalização, e que têm origem, poderíamos afirmar, em dois dos conhecidos "princípios" gerais da extensão e da conexão em Geografia: o princípio da homogeneidade ou uniformidade e o princípio da coesão regional (funcional, neste caso); a abordagem mais zonal priorizando a consideração dos fenômenos em área (ou superfície), e a abordagem mais reticular priorizando os fenômenos em rede ou os fluxos.

É importante lembrar, contudo, que os chamados princípios da extensão e da conexão podem também ser trabalhados priorizando apenas uma dessas duas lógicas, como a lógica zonal. Na tradicional regionalização em regiões naturais, por exemplo, pro-

Quadro 1. Regiões homogêneas e regiões funcionais

	Região Homogênea (princípio da homogeneidade)	**Região Funcional** (princípio da coesão)
Propriedades básicas	Uniformidade Estabilidade ("fixos", espaços zonais, justapostos) "Realidade horizontal" (De Jong)	Organização/coesão Mobilidade ("fluxos", espaços reticulares, sobrepostos) "Realidade vertical" (De Jong)
Fenômenos privilegiados	Ações em área	Ações em rede
Método de regionalização	"Diferenciação" ou "classificação de áreas" (Hartshorne, Grigg)	Hierarquização de polos e fluxos [centros e periferias]

posta por Fábio Guimarães (1978[1941]), elas só podem ser determinadas "após a análise da distribuição dos fatos geográficos e das influências recíprocas que esses fatos exercem entre si *numa dada extensão*" (Guimarães, 1978:324). O elo, defendido por ele, entre os "princípios" da extensão e da conexão revela-se muito relativo, pois "conexão", aqui, significa sobretudo a inter-relação de fenômenos em área, ou seja, é encontrada a partir da "conexão" ("sobreposição", em termos mais estritamente cartográficos) entre regiões elementares (clima, relevo, vegetação, por exemplo) capaz de formar uma região complexa ou "natural" em sentido estrito[26]. De qualquer modo, trata-se sem dúvida de considerações

[26] Guimarães (1978[1941]) também destaca que não se trata de confundir "uniformidade" e "unidade". Uniformidade efetiva, enquanto homogenei-

que, em leituras correlatas, como retomaremos com mais detalhe nas conclusões deste trabalho, até hoje animam o debate geográfico.

Morte e vida da região numa perspectiva marxista

Se a chamada Geografia quantitativa representou o primeiro momento de morte e ressurreição da região, o segundo viria com a Geografia crítica de fundamentação marxista. Ela também começa de certo modo por "matar" a região da Geografia Regional clássica, de matriz francesa. Neste sentido, é bem conhecido o texto-capítulo de Yves Lacoste (1976) "A colocação de um poderoso conceito-obstáculo: a "região'" — termo que, em versão posterior (traduzida para o português em 1988), transformou-se em "região-personagem", subentendendo que não se tratava de qualquer conceito de região.

Ocorre que, na primeira versão de seu trabalho, Lacoste — baseado apenas na abordagem do *Tableau de la Géographie de la France* (Vidal de la Blache, 1903) — acusa unilateralmente a região lablacheana de ter-se tornado "um poderoso conceito-obstáculo que impediu a consideração de outras representações espaciais e o exame de suas relações" (Lacoste, 1988:64).

Numa edição posterior (e que resultou na tradução brasileira), contudo, o mesmo autor, depois de ter redescoberto o traba-

---

dade regional entre múltiplas dimensões (mesmo se levarmos em conta apenas aspectos "naturais"), não existe. Já a "unidade" regional, enquanto conexão de distintos elementos (ou de "regiões elementares", que consideram um único fenômeno ou dimensão), pode ser considerada em função da preponderância de um elemento sobre os demais. Assim, a Geografia clássica considerava quase sempre a possibilidade de eleger um elemento (seja a geomorfologia, o clima, a cultura...) como aquele preponderante na realização da "conexão" ou da unidade regional (reunindo em torno de si os demais elementos ou dimensões).

lho "geopolítico" de La Blache em *La France de l'Est*, acaba fazendo uma espécie de autocrítica, acrescentando as seguintes observações:

> *Antes de falar logo adiante do papel de Vidal de la Blache, é preciso sublinhar que na verdade a corporação dos geógrafos universitários só reteve um aspecto do seu pensamento, o* Quadro da Geografia da França, *e que ela esqueceu, sistematicamente, o outro grande livro de Vidal,* A França do Leste *(1916), porque ali ele dá uma enorme importância aos fenômenos políticos. Trata-se, com efeito, de um livro de geopolítica.*
>
> *Nessas páginas bastante críticas a respeito do pensamento "vidaliano" só se trata do primeiro aspecto da obra de Vidal de La Blache, aquele que a corporação privilegiou: o outro Vidal, que ela ignora completamente, só será lembrado ulteriormente, pois só recentemente ele foi redescoberto* (Lacoste, 1988:60).

Assim, o próprio La Blache, fundador do conceito mais difundido de "região", acusado de ter criado um "poderoso conceito-obstáculo", é redescoberto em outra vertente, permitindo recolocar o conceito em novas bases, mais críticas e politizadas. Talvez aí esteja um dos "x" da questão: tantas (sobre)vidas e mortes da região se devem, em primeiro lugar, à própria ambiguidade com que ela nasce, uma vez que seu próprio "pai", de alguma forma, a faz "nascer" pelo menos duas vezes — uma no *Tableau*, outra na *France de l'Est*.

A verdade, no entanto, é ainda mais complexa, como bem demonstra a releitura da questão da regionalização em toda a obra vidaliana, em especial aquela produzida por Ozouf-Marignier e Robic (1995), já aqui comentada. Ao percorrerem não dois, mas oito dos seus trabalhos, elas identificam não apenas os conceitos de região contidos no *Tableau* e no *La France de l'Est*, mas todo um conjunto que perpassa quase todas as conceituações até aqui conhecidas, o que revela o impressionante papel inovador de Paul Vidal de la Blache.

Além disso, em outro texto esclarecedor, Robic (2002) enfatiza, bem ao contrário da leitura de Lacoste, o caráter multiescalar da abordagem geográfica de Vidal no *Atlas général Vidal-Lablache: histoire et géographie*, publicado originalmente em 1894. Nessa obra, segundo a autora, La Blache propõe uma estrutura complexa, multiescalar e polimórfica, coerente com sua epistemologia que privilegia "espaços de referência" distintos de acordo com a área ou região representada, já que cada uma delas apresenta sua própria articulação geográfica.

Além dos equívocos epistemológicos de um autor como Lacoste em relação à "morte" da região no âmbito da Geografia clássica francesa, temos também, sob o mesmo pano de fundo marxista, aqueles que decretam o "fim" das regiões a partir de uma base mais concreta, a difusão das relações econômicas capitalistas homogeneizadoras. Um economista consistente como Francisco de Oliveira chegou mesmo a afirmar:

> *Afinal de contas, qual é a diferença esencial, num país capitalista plenamente desenvolvido como os Estados Unidos da América do Norte, entre a Califórnia e New York, entre Michigan e a Nova Inglaterra? À parte certas diferenças que chamaremos aqui de "culturais" — e que a própria evolução capitalista, sob a forma das comunicações, da televisão, da indústria "cultural" em suma, se encarrega de dissolver — na essência do movimento de reprodução do capital, na estruturação das classes sociais, não há mais "regiões" no país norte-americano; há zonas de localização diferenciada de atividades econômicas* (Oliveira, 1981:26).

Trata-se sem dúvida de uma leitura economicista que, em nome da "homogeneização monopolística do espaço econômico", coloca sempre em questão a tendência ao desaparecimento das regiões, vistas como produto do "modo de produção capitalista", "espaços socioeconômicos onde uma das formas do capital se sobrepõe às demais, homogeneizando a 'região' exatamente pela sua predominância" (p. 30). Assim, completa ele:

> *(...) num sistema econômico de base capitalista, existe uma* tendência *para a completa homogeneização da reprodução do capital e de suas formas, sob a égide do processo de concentração e centralização do capital, que acabaria por fazer desaparecer as 'regiões' (...). Tal tendência* [entretanto] *quase nunca chega a materializar-se de forma completa e acabada, pelo próprio fato de que o processo de reprodução do capital é por definição desigual e combinado, mas em alguns espaços econômicos do mundo capitalista, de que talvez a economia norte-americana seja o exemplo mais completo, é inegável o grau de homogeneização propiciado pela concentração e centralização do capital (...)* (Oliveira, 1981:27, grifo do autor).

É importante enfatizar, contudo, que Oliveira fala quase sempre em "tendência" à homogeneização (expressão grifada no texto acima) e que esta só se daria em países efetivamente centrais, como os Estados Unidos, distinguindo problematicamente no imperialismo uma "face interna", homogeneizadora, de uma "face externa", diferenciadora[27]. A questão é que nem mesmo nesse contexto, central ou "interno", a homogeneização irá ocorrer, pelo próprio incremento das desigualdades socioespaciais. Isto não impede o autor de propor, a partir da divisão regional do trabalho, um conceito de região

---

[27] Nas palavras do autor: "(...) a face interna do imperialismo é essa incoercível tendência à homogeneização do espaço econômico, enquanto sua face externa na maioria das vezes não apenas aproveita das (sic) diferenças regionais reais, como as cria para seu próprio proveito" (Oliveira, 1981:27).

(...) que se fundamente na especificidade da reprodução do capital, nas formas que o processo de acumulação assume, na estrutura de classes peculiar a essas formas e, portanto, também, nas formas de luta de classes e do conflito social em escala mais geral (p. 27). Uma 'região' seria, em suma, o espaço onde se imbricam dialeticamente uma forma especial de reprodução do capital, e por consequência uma forma especial da luta de classes, onde o econômico e o político se fusionam e assumem uma forma especial de aparecer no produto social e nos pressupostos da reposição (p. 29).

Como contraponto a essa leitura devemos lembrar que um autor como Gramsci, sabidamente um dos marxistas mais inovadores, há muito já havia destacado a questão regional a partir não apenas desta "fusão" entre o econômico e o político, mas também da dimensão ideológica ou, como preferimos, simbólico-cultural. Foi a sua noção de bloco (hegemônico) regional, por exemplo, que recorremos quando de nosso trabalho sobre a Campanha Gaúcha, na fronteira extremo-sul do Brasil (Haesbaert, 1988), ocasião em que propusemos abordar a região a partir de processos específicos, os regionalismos e a formação da identidade regional, conformadores de um "bloco regional" de uma fração regionalmente hegemônica da classe dominante.

Neste caso, o reconhecimento da região — ou da "condição regional" — não se dá como um simples artifício metodológico criado pelo pesquisador, mas efetivamente se reconhece sua construção a partir de práticas sociais específicas — no caso, a identidade cultural e uma certa representatividade política (na defesa explícita de interesses — notadamente econômicos — vinculados ao espaço regional), configurando de certa forma aquilo que, baseados em Gramsci, denominamos bloco regional ou bloco histórico-regional, tal como aquele autor o fez ao analisar o "bloco agrário" do *Mezzogiorno* italiano (Gramsci, 1987).

Gramsci é provavelmente um dos primeiros pensadores a contribuir para a conceituação de região a partir do reconhecimento da efetiva organização e reprodução — material e simbólica — dos grupos sociais numa postura crítica, dentro do materialismo histórico. Vale a pena apresentar, aqui, alguns breves elementos de sua proposição, construída a partir do reconhecimento da chamada "questão meridional" do sul da Itália, pois sem dúvida está ligado a uma das mais promissoras "ressurreições" da região no âmbito do pensamento marxista.

Para Gramsci, a questão meridional italiana é resultado da consolidação de um "bloco hegemônico" ou "bloco histórico" — ou, se quisermos, "histórico e geográfico", pois ele faz questão de explicitar sua dimensão territorial[28] — que, no caso, é também um bloco agrário, construído a partir do amálgama das classes de

[28] Segundo Coutinho, na consistente introdução que faz ao livro de Gramsci, este "apreende e torna evidentes as especificidades da questão meridional", especificidades que, "no âmbito das contradições capitalistas, são as da *territorialidade*, a desagregação, o fato de que a questão meridional é um aspecto da questão camponesa, da função dos intelectuais e, sobretudo, do potencial de contestação política representado pelo Sul". (p. 43-44, grifo nosso). A primeira dessas especificidades "é dada pela territorialidade, no sentido de que um dos polos da questão toma forma num dado território do país, numa determinada realidade histórico-social [e geográfica] que é precisamente o Sul". Deve-se tomar cuidado, entretanto, com o que Coutinho denomina de "ambiguidades interpretativas" em que pode incorrer a especificidade territorial — que podemos denominar também, neste caso, de regional: primeiro, ela circunscreve geograficamente o fenômeno, como se só ou predominantemente ocorresse naquele espaço — seria a "territorialidade como parcialidade"; segundo, ela pode resultar em interpretações dualistas (ou em termos de "desequilíbrios") — "duas Itálias" (ou "dois Brasis") — ou como se houvesse duas regiões internamente homogêneas, uma exploradora, outra explorada (p. 45). Nas palavras do próprio Gramsci, "a questão meridional é também questão territorial; e é desse ponto de vista que deve ser examinada, a fim de estabelecer um programa de governo operário e camponês que queira encontrar ampla repercussão entre as massas" (Gramsci, 1987:92).

grandes proprietários de terra e intelectuais ("orgânicos", por construírem a base cultural-ideológica desse amálgama), incluindo aí os grupos políticos dominantes — que podem atuar também, concomitantemente, como latifundiários e como intelectuais. A hegemonia centralizadora desses grupos sobre a "massa camponesa, amorfa e desagregada" é construída através do "campo ideológico", ou seja, por intermédio dos intelectuais[29].

Essas alianças é que garantem a coesão ideológica capaz de dar consistência ao "bloco" e distingui-lo na relação com outras regiões ou blocos regionais, como o Norte italiano. Em relação ao Norte, Gramsci propõe outra aliança, contra-hegemônica: aquela dos "dominados" do Sul — camponeses e trabalhadores rurais, sobretudo — com os "dominados" do Norte — o proletariado industrial. É no jogo de hegemonias, definido a partir de bases geográficas e históricas "regionais" específicas, que se desenha o quadro regional numa perspectiva gramsciana[30].

Gramsci revê a própria concepção de poder ao ampliá-la, através da noção de hegemonia, para uma combinação entre dominação e direção. O poder, assim, nunca é mantido por uma classe simplesmente pela imposição de sua superioridade material ou por sua maior ascendência ideológica, mas pela combinação das duas. As duas faces do poder ("regional", inclusive) são força e consenso, coação e convencimento, ampliando assim a concepção marxista tradicional de poder, muito mais atrelada às forças econômico-materiais.

---

29 "Por sobre o bloco agrário funciona, no Sul, um bloco intelectual que praticamente serviu até agora para impedir que as rachaduras do bloco agrário se tornassem muito perigosas e provocassem um desmoronamento" (p. 160). Não é demais lembrar a amplitude com que Gramsci trata a figura do "intelectual", incluindo aí a Igreja e alguns estratos militares, por exemplo.

30 Para uma análise em grande parte inspirada nesses posicionamentos, ver o trabalho de Silveira (1984) para o regionalismo nordestino.

O bloco histórico — que pode aparecer em diversas escalas, entre as quais a regional — de certa forma constrói a hegemonia, tratando-se de um "sistema integrado" pela edificação de "um sistema hegemônico, dirigido por uma classe fundamental que confia a gestão aos intelectuais" (Portelli, 1977:16), ou seja, pelo vínculo orgânico realizado por esse grupo social particular. Gramsci permite assim trabalhar com o conceito de bloco histórico enquanto bloco regional — ou, se quisermos, simplesmente enquanto "região" — a partir dessa abordagem centralizada nos processos e sujeitos (especialmente as classes) sociais, mas sem ignorar a dimensão geográfica pela qual eles se reproduzem.

Alguns marxistas, ignorando em parte essas possibilidades abertas pela leitura gramsciana, tomaram posições distintas. Talvez a mais curiosa seja a de Ann Markusen (1981), que admitiu a existência do fenômeno regional — o regionalismo —, mas, para fugir a uma "reificação do espaço", optou por considerar apenas o regionalismo (enquanto luta social), e não a região, como categoria de análise (tida pela autora como "entidade territorial" e não "sociológica").

Contudo, também aqui a ambivalência se impõe, e a região acaba sendo claramente "ressuscitada". É a própria Markusen quem, alguns anos depois, escreve um livro cujo título é nada menos que *Regiões: a economia e a política do território* (Markusen, 1987) — para analisar justamente a realidade regional daquele espaço em que, para Oliveira, as regiões tenderiam a desaparecer, os Estados Unidos. Nesse caso ela define região incorporando até mesmo sua dimensão física, negligenciada pela maioria dos geógrafos marxistas (essa definição será reproduzida e comentada mais à frente).

A retomada do conceito de região pelo marxismo se dá principalmente de duas formas: uma que enfatiza a dimensão econômica, vendo a região sobretudo como produto da divisão territorial do trabalho, um pouco na linha de Francisco de Oliveira, acima citado (e, na Geografia, também por Massey, 1984), e outra que enfatiza os movimentos sociais, notadamente os regionalismos, como Ann Markusen na primeira concepção há pouco comentada. Poucos, entretanto, foram aqueles que trabalharam numa perspectiva explicitamente gramsciana.

Em nosso trabalho de 1988 citamos dois autores importantes, não geógrafos, que se inspiraram em Gramsci em suas análises regionais: Alain Lipietz e Dulong. Lipietz (1977) propõe a "armadura regional" como um "sistema de exploração e articulação dos modos de produção, forma e base de alianças entre as classes dominantes, e da dominação ideológica sobre as classes dominadas", ou, na tradução para o português, a "estrutura regional" como:

> *(...) uma região de articulação de relações sociais que não dispõe de um aparelho de Estado completo, mas onde se regulam, todavia, as contradições secundárias entre as classes dominantes locais* (Lipietz, 1987:39).

Dulong, por sua vez, trabalha com o conceito de "fração regional de classe", na articulação entre as classes dominantes em nível nacional, o Estado e a sociedade local (ou regional).

Texto fundamental na recuperação do conceito de região nos anos 80 é o de Smith (1988), cujo título, "A região morreu, viva a região", exprime com nitidez esse vai e vem do conceito. Smith mostra muito bem como o capitalismo promove a diferenciação/des-equalização concomitantemente à homogeneização e à padronização. Trata-se de trabalhar com o binômio, focalizado em detalhe mais à frente, desigualdade e diferença, diferença que passou a ser a grande bandeira do chamado movimento pós-modernista dos anos 80-90.

Morte e vida da região sob o
"Globalismo Pós-Moderno"

A última "morte" da região é praticamente uma continuação da abordagem anterior, incluindo algumas posições dentro do próprio materialismo histórico, sobretudo entre aqueles que acreditam que os processos de globalização irão cada vez mais impor uma "sociedade em rede", em detrimento de uma sociedade "territorial" (Badie, 1996) ou claramente "regionalizada". Aqui, parte-se geralmente de uma visão dicotômica da organização do espaço, como se, de um lado, tivéssemos uma lógica zonal ou de áreas, definindo territórios e/ou regiões e, de outro, uma lógica reticular ou definidora de redes. Trata-se de um debate mais claramente situado nos anos 90.

Milton Santos, num item de seu livro *A Natureza do Espaço*, sintomaticamente denominado "Universalidade atual do fenômeno de região", afirma:

> *Da mesma forma, como se diz, hoje, que o tempo apagou o espaço, também se afirma, nas mesmas condições, que a expansão do capital hegemônico em todo o planeta teria eliminado as diferenciações regionais e, até mesmo, proibido de prosseguir pensando que a região existe (...) ao contrário, pensamos que (...) o espaço se torna mundial, o ecúmeno se redefine, com a extensão a todo ele do fenômeno da região. As regiões são o suporte e a condição de relações globais que de outra forma não se realizariam. Agora, exatamente, é que não se pode deixar de considerar a região, ainda que a reconheçamos como um espaço de conveniência e mesmo que a chamemos de outro nome*[31] (Santos, 1996:196).

---

[31] Alguns geógrafos parecem indicar mesmo essa mudança, como Moreira (2006, especialmente p.158-163), ao propor a passagem dos espaços regionais aos "espaços em rede", a região vista como "o olhar sobre o espaço

Às dicotomias fixação-fluidez e lentidão-rapidez vem somar-se aquela referente à maior e menor estabilidade ou longa e curta duração no tempo. Santos também questiona este pressuposto da "construção regional estável" em termos temporais:

> *... o que faz a região não é a longevidade do edifício, mas a coerência funcional, que a distingue das outras entidades, vizinhas [contíguas] ou não. O fato de ter vida curta não muda a definição do recorte territorial. As condições atuais fazem com que as regiões transformem-se continuamente, legando, portanto, uma menor duração ao edifício regional. Mas isso não suprime a região, apenas ela muda de conteúdo. A espessura do acontecer é aumentada, diante do maior volume de eventos por unidade de espaço e por unidade de tempo* (Santos, 1996:197).

Além do discurso do domínio inexorável da globalização em rede e da mobilidade que faria desaparecerem as regiões enquanto recortes espaciais contínuos, dotados de certo grau de estabilidade, singularidade e de homogeneidade interna (e, consequentemente, uma diferenciação mais pronunciada em relação a outros subespaços ou regiões), surgem também os discursos da "hibridização" do mundo, da complexidade crescente, das "microfísicas" (que valorizam a escala micro em detrimento da meso, típica da abordagem regional), da relação contínua entre conexão e fragmentação. Teoricamente, trata-se de leituras que não obrigatoriamente representam ruptura com o espírito crítico do marxismo. Elas, entretanto, aparecem no bojo da "virada" promovida pelas chamadas políticas da diferença que veem um mundo muito mais

---

lento", espaço necessariamente bem delimitado e contíguo ("... contiguidade, a condição sem a qual a região ... não se constitui" [p. 163]). Em posição distinta, propusemos, ainda em 1994, a região como "região-rede", moldada pela descontinuidade e pelos fluxos (Haesbaert, 1994).

híbrido, complexo, multifacetado, contraditoriamente ao mesmo tempo mais fragmentado e mais conectado.

A denominação "globalismo pós-moderno" utilizada para caracterizar este momento pode parecer um contrassenso, por seus termos antinômicos, mas é justamente este caráter ambivalente das práticas sociais e do pensamento filosófico nas últimas décadas que queremos destacar. Aliam-se, de alguma forma, a (sempre relativa) homogeneização globalizadora pelo padrão mercantil da des-igualdade e a ênfase "pós-moderna" na diferenciação/fragmentação, especialmente pela promoção das chamadas políticas da diferença.

Ao mesmo tempo em que o discurso "globalista" pode exagerar na interpretação unilateralmente globalizadora dos processos sociais, sem seu contraponto indissociável, as distintas formas de "fragmentação", o chamado movimento pós-modernista muitas vezes peca pela ênfase exagerada nas subjetividades, no movimento ou fluidez e na consideração das diferenças e/ou singularidades (em que podem estar inseridas as próprias singularidades regionais, ainda que reveladas em escalas de maior detalhe). Enquanto em um ainda pode sobreviver o pensamento sistêmico totalizante (ainda que muito mais aberto do que no passado), como na teoria do "sistema-mundo", no outro, quando radicalizado, pode proliferar o pensamento fragmentador e subjetivista[32].

De qualquer forma, não há dúvida de que o pensamento dito pós-moderno, desde pelo menos o final dos anos 80, traz em seu bojo, no mínimo, um claro caráter "potencial" de estímulo à Geografia Regional. Como bem sintetiza Mendoza (1989), ao advogar também uma nova linguagem ou narrativa regional:

---

[32] Em crítica contundente visando superar esse sistemismo totalizador, Castoriadis (1982) propôs uma dialética, ao mesmo tempo não idealista e não materialista, que eliminasse "o fechamento e a totalização", rejeitando assim "o sistema completo do mundo" (p. 70). Inspirado nesse autor, Souza (1988) trabalha com uma "totalidade aberta e radicalmente dialética" (p. 35).

Com a progressiva derrubada das grandes certezas (...), com o redesenhar de fronteiras científicas que antes pareciam inamovíveis, e com a convicção da necessidade de reintroduzir a subjetividade em todo processo de conhecimento, reaparece também na Geografia a preocupação (quase proibida nos anos sessenta e setenta) pelo particular, pela diferença, por tornar inteligível e conferir significado a um mundo complexo e plural. De modo que falar de novo de Geografia Regional, de paisagens, de lugares, de territórios, enquadra-se plenamente na discussão sobre a crise da modernidade, no que, tão equívoca quanto intencionalmente, batizou-se como pós-modernidade (p. 101).

Buscaremos aqui reunir as propostas mais recentes que, de alguma forma, nos últimos 20 anos, "ressuscitam" o conceito de região em sua capacidade de dar conta do des-ordenamento socioespacial desta passagem de século. Fazendo uma espécie de mapeamento preliminar dos autores que resgatam a Geografia Regional nesse período, percebe-se o convívio de múltiplas linhas de abordagem, numa grande pluralidade teórico-filosófica.

A título de sistematização preliminar, é possível identificar dois grandes agrupamentos de perspectivas teóricas, de acordo com o grau de ruptura com posições anteriores e/ou com a opção epistemológica que representam:

— um primeiro grupo, que de alguma forma abraça o chamado pós-estruturalismo, tanto em uma perspectiva mais materialista e "local" — como, pelo menos em parte, a abordagem dita "não representacional" do geógrafo inglês Nigel Thrift, quanto mais idealista e tipicamente "regional", como a daqueles que centralizam sua abordagem numa leitura renovada da "invenção" (discursiva) das identidades (meso) regionais;

— um segundo grupo, em geral sem uma ruptura tão pronunciada com propostas anteriores, de algum modo renovando-as, no sentido de recuperar elementos de "grandes narrativas", e que pode ser subdividido em duas abordagens: uma que se vincula à teoria da (estrutur)ação, especialmente a de matriz giddensiana, e outra a um materialismo histórico e dialético bastante aberto e renovado.

A isso se acrescentam abordagens a princípio menos elaboradas teoricamente — ou sem uma explícita e/ou mais definida filiação teórica, e com pretensões mais pragmáticas, como a das "biorregiões" (Berg, 1977; McGinnis, 1999; Carr, 2004) e a dos "Estados-regiões" (Ohmae, 1996). Vejamos agora, em detalhe, cada uma dessas abordagens.

a) O pós-estruturalismo e a ênfase contextual/"local"

Antes de comentarmos o conceito de região nessa perspectiva, cabem algumas considerações, ainda que introdutórias, sobre o estruturalismo em si, pois o qualificativo "pós-estruturalista" para caracterizar uma corrente geográfica tem sido alvo de grandes controvérsias. Isso se deve, em grande parte, à própria natureza múltipla dessa corrente no campo filosófico e às dificuldades de diferenciá-la claramente do estruturalismo, ao qual pretensamente se contrapõe. Se, como afirma Foucault, "ninguém concorda com quem quer que seja sobre o que é o estruturalismo" (2000:282) ou "nenhum daqueles que, por vontade ou à força, receberam a etiqueta de estruturalista sabia exatamente do que se tratava" (2000:307), mais difícil ainda seria definir claramente seu "oposto" — ou, talvez de forma mais adequada, aquele que o sucede (para ser mais fiel à ideia do ambíguo prefixo "pós").

Na problemática do difícil enquadramento que esses termos evocam, a própria obra de Michel Foucault pode ser considerada modelar: trata-se de um autor tomado ao mesmo tempo como um dos "pilares" do estruturalismo e um dos "fundadores" do pós-estruturalismo. Dosse (1993), por exemplo, em sua história do estruturalismo, considera-o um dos "quatro [com Foucault cinco] mosqueteiros" do estruturalismo (p. 14), ao lado de Althusser, Barthes, Lacan e o "pai de todos eles", Lévi-Strauss. Vários autores, contudo, exprimem opinião diversa, e tomam Foucault como uma das referências centrais na construção de um pensamento pós-estruturalista (ver, por exemplo, no âmbito da Geografia: Doel, 1999, Harrison, 2006, e Murdoch, 2006).

Isso talvez justifique a aversão de Foucault a rótulos ("nunca fui freudiano, nunca fui marxista, nunca fui estruturalista", diz ele em "Estruturalismo e Pós-Estruturalismo" [Foucault, 2000:312]) e sua forma ambivalente de interpretar o próprio estruturalismo. Ao contrário, entretanto, de um "certo problema", "o do sujeito e o do remanejamento do sujeito", que ele identifica no estruturalismo, Foucault não vê, "nos chamados pós-modernos ou pós-estruturalistas, que tipo de problema lhes seria comum". (2000:323) Não há dúvida, entretanto, de que ele inaugura uma nova maneira de fazer história, história essa em que as descontinuidades (que são também espaciais) e as inscrições locais do poder, a sua "microfísica", têm papel fundamental.

Muitos autores, como o próprio Foucault, tratam pós-estruturalismo e pós-modernismo como sinônimos. Outros, como os geógrafos Hubbard et al. (2002), fazem uma distinção muito particular:

> *Na essência, enquanto o pós-modernismo pode ser descrito como um amplo movimento/atitude epistemológica, rejeitando a "verdade" de grandes teorias em favor de considerações mais enraizadas, locais, que abrem a Geografia para Outras vozes, o pós-estruturalismo é essencialmente uma forma de análise que abarca questões mais profundas sobre ontologia e reivindicações de verdade (seja universal ou particular).*

> *Metodologicamente, isto se manifesta em tentativas de desconstruir, perturbar e interromper considerações existentes sobre o mundo e de experimentar formas de investigação acadêmica baseadas não tanto em re-representar o "real", mas em vivê-lo de diferentes formas* (p. 85).

Se há uma característica mais geral a marcar a ruptura do pós-estruturalismo com a estabilidade e o "fundamento" das grandes estruturas, ela provavelmente está sintetizada através de expressões como "multiplicidade" (e/ou diferença), "nomadismo" (ou mobilidade e fluidez) e "devir" (ou criação do efetivamente novo), elementos-chave e às vezes até sobrevalorizados no posicionamento filosófico de alguns autores. O pensamento de Gilles Deleuze e Felix Guattari, por exemplo, é considerado uma "teoria das multiplicidades", capaz de ultrapassar os binarismos e as dicotomias e não remetendo às ideias de unidade, sujeito e totalidade, ou melhor, em outras palavras, em que "as subjetivações, as totalizações, as unidadcs são (...) processos que se produzem e aparecem nas multiplicidades" (Deleuze e Guattari, 1995:8).

Embora na Geografia do final dos anos 80 tenha emergido com força o debate modernidade-pós-modernidade, especialmente através da obra de "neomarxistas" como David Harvey (1992 [1989]) e Edward Soja (1993[1989]), ele não teve a radicalidade de algumas rupturas levadas a cabo, sobretudo na Geografia anglo-saxônica dos anos 90, explicitamente em nome do pós-estruturalismo. Seu ápice, poderíamos afirmar, encontra-se na obra pós-estruturalista "radical" de Marcus Doel (1999), inspirada justamente em (um certo, deveríamos dizer) Deleuze-Guattari (mas também em autores como Derrida, Baudrillard, Lyotard, Foucault e Irigaray).

O geógrafo Murdoch (2006), em posição mais nuançada, advoga a pluralidade de pós-estruturalismos e, com clara preocupação também epistemológica, destaca o envolvimento da

"Geografia pós-estruturalista" (título de seu livro) com a forma com que as relações sociais estão imersas em "espacialidades materializadas", um espaço eminentemente relacional[33] e heterogêneo em que se cruzam o natural e o social, o humano e o não humano. Seu trabalho se pauta, assim, por uma "nova atenção às diferenças em identificações espaciais" (que, embora ele não explicite, diz respeito mais diretamente à chamada Geografia Regional) e por "novo interesse em processos de emergência espacial" (p. 3).

O que gostaríamos de enfatizar aqui, a fim de explorar de forma um pouco mais aprofundada duas perspectivas específicas de trabalhar a região inspiradas nessa abordagem, é a valorização daquilo que Hubbard et al., já citados, destacam como crítica às excessivas generalizações, a valorização dos contextos ("considerações mais enraizadas, locais") e a abertura da Geografia para a esfera do vivido (do "não representacional", diria, de forma ousada, Thrift, 1996 e 2008) e, sobretudo, para "Outras vozes". Outras vozes que significam também outras epistemes, como mostra cabalmente, em parte influenciado por um certo pós-estruturalismo, o chamado pensamento pós-colonial, de grande influência no pensamento crítico latino-americano a partir dos anos 90[34].

---

[33] Para uma discussão sobre o caráter relacional do espaço, ver cap. "Região numa 'constelação' de conceitos: espaço, território e região", no final deste trabalho.

[34] Para o contraponto entre pensamento pós-moderno e pós-colonial ver o interessante debate de Boaventura de Souza Santos (2004); sobre o pós-colonialismo numa perspectiva latino-americana ver especialmente Mignolo (2002) e para uma perspectiva pós-colonial na geografia brasileira ver Porto-Gonçalves (2002).

A "região-lugar" de Nigel Thrift

Três textos do geógrafo inglês Nigel Thrift (1990, 1991, 1993) são bem representativos de uma posição filosófica pós-estruturalista no âmbito do debate regional, posto que ele assume explicitamente a construção de "uma nova Geografia Regional" no "contexto do pós-estruturalismo". Assim, Thrift fala em "conseguir uma nova Geografia Regional em que os sujeitos não fazem lugares, mas, num certo sentido, *são* lugares" (1991:462). Trata-se de uma visão contextualizada e processual, um sujeito imerso em estruturas de significação que são também relações de poder, em permanente negociação/dominação (p. 461).

O autor afirma que, se a Geografia Regional tem um projeto teórico, este é o de "tratar as pessoas como agentes, os lugares como contextos e a causalidade como um processo iterativo de ações de movimento rápido e estruturas de movimento lento" (1991:456). Ao associar região e lugar, ele se pergunta, de forma um tanto eurocentrada: "O que é o lugar neste novo mundo? A resposta abreviada é suspeita: permanentemente em estado de enunciação, entre endereços, sempre adiado. Lugares são 'estágios de intensidade', traços de movimento, velocidade e circulação" (1993:94).

Trata-se de concepção próxima daquela proposta por Doreen Massey (2000[1991) do lugar como encontro, conjunção de redes, conexões, e cuja especificidade se dá não pela singularidade dos fenômenos em si, mas pela forma com que se conjugam. Bem ao contrário, nem é preciso dizer, de visões já clássicas como a de Yu Fu Tuan, quando este afirma que, se o espaço é "algo que permite movimento, então lugar é pausa; cada pausa no movimento torna possível que localização se transforme em lugar", esse "mundo de significado organizado" (1983:198). Significado, organização/ordenamento que cabe ao pós-estruturalismo, constantemente, desconstruir.

A nova Geografia Regional de Thrift trabalharia preferencialmente com o local/localidade ou, nesse sentido mais elaborado, com o "lugar". Aí, a identidade também deveria ser redefinida, reteorizada "como uma distribuição espaço-tempo de sujeito-contextos híbridos sendo constantemente copiados, revisados, sentenciados e enunciados" (1993:96). Em sua instigante mas às vezes pouco aprofundada metodologia, ele propõe ainda mesclar ciência e ficção, conceito e metáfora, um caminho difícil (inovador e provocativo — uma marca da obra de Thrift) frente às perspectivas mais estruturalistas até então dominantes na Geografia Regional.

Essa espécie de retorno não apenas ao "lugar", enquanto espaço em movimento dotado de significado, mas a um lugar que tem uma expressão sobretudo no nível local pode ser entendida no contexto dos próprios processos de globalização, pois esses processos, reproduzidos em "filigrana" ou caleidoscopicamente pelo mundo, acabam se inserindo nas configurações locais e refazendo dinâmicas de produção do espaço que reproduzem nesse nível algumas das grandes contradições e ambiguidades, antes só nítidas em escalas mais amplas.

A re-invenção pós-estruturalista da identidade regional

Outra perspectiva pós-estruturalista do fenômeno regional está presente na leitura daqueles que tomam como ponto de partida a análise do discurso e propõem tratar a região sobretudo a partir de um processo de "invenção" (discursiva), aliando, tal como também propõe Thrift (este em perspectiva mais materialista), conceito e metáfora, ciência e arte. É o caso do historiador brasileiro Durval de Albuquerque Júnior, especialmente em sua importante obra *A invenção do Nordeste* (1999), em que afirma:

> *... o que me interessa aqui não é este Nordeste "real", ou questionar a correspondência entre representação e realidade, mas sim a produção dessa constelação de regularidades práticas e discursivas que institui, faz ver e possibilita dizer esta região até hoje. Na produção discursiva sobre o Nordeste, este é menos um lugar que um topos, um conjunto de referências, uma coleção de características, um arquivo de imagens e textos. Ele parece ser uma citação, ter origem no fragmento de um texto, um extrato de imaginação anterior, uma imagem que sempre se repete. Nordeste, um feixe de recorrências* (p. 66).

Uma dada região, como a própria *ideia* de região, é uma "invenção histórica". Assim, o Nordeste do autor enquanto região é "inventado", emergindo "na 'paisagem imaginária' do país" no final da primeira década do século XX, e está fundado "na saudade e na tradição" (p. 65). Tal como no pensamento pós-colonial de Edward Saïd e Stuart Hall, que alude a nossas "geografias imaginárias", tempo-espaços algo míticos e/ou imaginários que levamos, constantemente reconstruindo nossas referências identitárias, aqui também, às vezes, parece que o mundo das práticas materiais ou "visível" se desconecta ou, pelo menos, torna-se secundário dentro desse complexo jogo de, nas palavras do autor, "práticas e discursos" — ou, numa visão foucaultiana, "formações discursivas" e "não-discursivas" — que Deleuze, por sua vez, propõe denominar "práticas discursivas de enunciados" e "práticas não discursivas de visibilidades" (Deleuze, 1988:61)[35].

---

[35] É a partir de sua obra *A Arqueologia do Saber* que Foucault estabelece o "primado" do enunciado ou do "dizível" sobre o visível, do discursivo sobre o não discursivo que, entretanto, não é a ele redutível ou em relação a ele se torna residual: "em Foucault, os locais de visibilidade não terão jamais o mesmo ritmo, a mesma história, a mesma forma que os campos de enunciados, e o primado do enunciado só será válido por isso, pelo fato de se exercer sobre alguma coisa irredutível" (Deleuze, 1988:59).

Inspirado sobretudo em Foucault, Albuquerque Júnior propõe assim que "o que se diz da região não é o reflexo do que se vê *na* e *como* 'região'" (p. 46). Entre "as palavras e as coisas", trata-se de dois "regimes de enunciação" independentes:

> *A região se institui, paulatinamente, por meio de práticas e discursos, imagens e textos que podem ter, ou não, relação entre si, um não representa o outro. A verdade sobre a região é constituída a partir dessa batalha entre o visível e o dizível. (...) Nem sempre o enunciável se torna prática e nem toda prática é transformada em discurso. Os discursos fazem ver, embora possam fazer ver algo diferente do que dizem* (Albuquerque Jr, 1999:46).

"O discurso regionalista", no mesmo sentido que se pode atribuir à identidade, "não mascara a verdade da região, *ele a institui*" (1999:49). Nesse discurso, "o espaço surge como uma dimensão subjetiva, como uma dobra do sujeito, como produto da subjetivação de sensações, de imagens e de textos por inúmeros sujeitos dispersos no social" (p. 50). Ocorre aqui um descolamento, no nosso ponto de vista às vezes extremado, em relação às bases materiais, ao "realismo" sobre o qual a região *também* é construída. Do contrário, que papel teria nessa "produção regional" a ação concreta e a atividade material dos múltiplos sujeitos que aí estão produzindo seu espaço, que é sempre, ao mesmo tempo, material e simbólico?

Como afirma o próprio autor, "ao mesmo tempo que inventavam o Nordeste, iam se inventando como sujeitos nordestinos" (p. 31) — mas, provavelmente falta enfatizar, "sujeitos" não apenas a partir de uma "invenção" meramente "discursiva", "representações de espaço" aleatoriamente concebidas, mas também de práticas espaciais percebidas, e de um espaço de representação ou "vivido", como diria Lefebvre. Por isso, para o autor, espacialidade está ligada a "percepções espaciais que habitam o campo de linguagem e se relacionam diretamente com um campo de forças que as institui" (p. 23)[36] .

O elo prático-discursivo, embora explicitado, às vezes subentende que, em relação à materialidade ou à "visibilidade" do espaço (confundida com sua "geograficidade"), ela está ligada à fixidez e à estabilidade ou, mais grave ainda, à "naturalização" — até mesmo quando se trata de abordar a região do ponto de vista marxista das "relações de produção":

> *Longe de considerar esta região como inscrita na natureza, definida geograficamente ou regionalizada "pelo desenvolvimento do capitalismo, com a regionalização das relações de produção", que é outra forma de naturalização, ele [este trabalho] busca pensar o Nordeste como uma identidade espacial, construída em um preciso momento histórico (...), produto do entrecruzamento de práticas e discursos "regionalistas"* (p. 22).

Apesar das limitações dessa perspectiva, Albuquerque Júnior traz uma contribuição muito importante ao buscar o elo entre a produção discursiva e a contextualização das redes de poder que a institui e sustenta. Nesse sentido, ele afirma:

> *A região não é uma unidade que contém uma diversidade, mas é produto de uma operação de homogeneização, que se dá na luta com as forças que dominam outros espaços regionais, por isso ela é aberta, móvel e atravessada por diferentes relações de poder* (p. 24). *Por outro lado, o regionalismo é*

---

36 Descontada, aí, a relevante incorporação do binômio espaço-poder, trata-se de um conceito de espacialidade frágil e pautado, como o próprio autor expõe em nota, num pequeno texto-entrevista de Michel Foucault (em que a categoria "espaço" não é trabalhada diretamente), em outra posição teórica, nem sempre compatível com a do historiador Fernand Braudel, e na de Eni Orlandi.

muito mais do que uma ideologia de classe dominante de uma dada região. Ele se apoia em práticas regionalistas, na produção de uma sensibilidade regionalista, numa cultura, que são levadas a efeito e incorporadas por várias camadas da população e surge como elemento dos discursos destes vários segmentos (p. 28).

É claro que a abordagem da região a partir da configuração de identidades regionais não é nova[37], e nós mesmos, como já comentamos, numa perspectiva que aliava um marxismo renovado (inspirado em Gramsci) e elementos de uma Geografia humanista, realizamos uma leitura nesse sentido quando da análise da Campanha Gaúcha em nossa dissertação de mestrado (Haesbaert, 1988). Mas agora não se trata, entretanto, de uma simples análise crítico-política da formação de identidades — e que, no caso da Campanha, foi trabalhada ainda com base no sentido ideológico do discurso. Mais do que um olhar política e ideologicamente comprometido, trata-se de uma proposta inovadora no sentido epistemológico, assumindo claramente princípios pós-estruturalistas de desconstrução da própria região como "realidade".

Albuquerque Júnior não pretende "re-definir" região. Pelo contrário, ele quer "destruí-la", "atacá-la", "dissolvê-la", no sentido de que encara os regionalismos, assim como os nacionalismos, como "anacrônicos e reacionários", "maquinarias de captura do novo, do diferente" (1999:309). Até mesmo o "potencial criativo" dos regionalismos (e nacionalismos), num sentido cultural e artístico, tão bem evidenciado em seu livro, estaria em crise ou mesmo "esgotado". Em certo sentido, portanto, ele é também um autor representativo da ambiguidade da "morte e vida" da região.

---

[37] Ver, por exemplo, em abordagem mais estruturalista, o trabalho (polêmico para muitos geógrafos, pela leitura às vezes simplificada da Geografia), de Pierre Bourdieu (1989), "A identidade e a representação. Elementos para uma reflexão crítica sobre a ideia de região".

O autor desconsidera outras formas possíveis de ver/dizer o "regional" e a "regionalização", tanto como parte da recriação regional na prática cotidiana de grupos subalternos (em mobilizações de resistência, como fazem grupos sem terra identificados com a cultura gaúcha no Sul do Brasil) quanto, em sentido mais amplo, enquanto processos, permanentes e imprevisíveis, de diferenciação geo-histórica.

A própria "região", enquanto lócus da produção da diferença, e não simplesmente no sentido do "regionalismo reacionário", também pode, dependendo do emaranhado de poder em que estiver enredada, estimular a constante re-produção do novo — ou seja, ela nem sempre é produzida apenas pelo "regionalismo anacrônico e reacionário" hegemônico, o que pode ser constatado ao reconhecermos a própria natureza, sempre ambivalente, de sua (re)criação simbólica[38].

Albuquerque Júnior, entretanto, é importante enfatizar, contribui de modo substancial para uma visão inovadora e epistemologicamente crítica, em linha que de algum modo se inspira nos chamados estudos pós-coloniais, que têm entre seus pioneiros Edward Saïd e sua obra *Orientalismo*, em que aborda a "invenção" do Oriente (basicamente o Oriente árabe-islâmico) pelo Ocidente (Saïd, 1990[1978]). O tratamento das identidades (regio-

---

[38] Como afirmávamos ainda em 1988 sobre a identidade gaúcha: "Como a identidade regional nunca é apenas um produto ou resultado da criação e manipulação de uma fração da classe dominante, cabe compreender também a força de suas raízes populares, entre classes que podem, através de um resgate semelhante, dar novo ânimo a seus movimentos reivindicatórios. Pois assim como a burguesia industrial e financeira pode fazer uso da coesão proporcionada pela retomada do gauchismo, para defender sua condição mais privilegiada dentro do capitalismo brasileiro, não há o que condene que as classes camponesas (ou mesmo os assalariados urbanos) também façam uso desta identidade, tantas vezes imposta, para reivindicar o seu lugar ou, pelo menos, um lugar menos segregado dentro da sociedade regional" (1988:91).

nais, nacionais, étnicas...) por pesquisadores ligados aos também chamados "estudos culturais" (que teriam começado com Raymond Williams, no final dos anos 50), especialmente na Inglaterra, legou importantes aportes à Geografia Regional, que incluem uma efetiva renovação (quando não uma espécie de "superação") do pensamento marxista pelo retrabalhar da dimensão cultural.

b) Perspectivas "neomodernas"

Da visão fragmentária, híbrida, processual e mais "local" de Thrift e da leitura discursiva e desconstrutivista de autores como Albuquerque Júnior passamos à releitura da região — ou do discurso sobre a regionalização — em outras perspectivas, de alguma forma, ainda "modernas"[39]. Essa abordagem, que podemos denominar neomoderna — ou, na expressão de Giddens (1991), "modernidade radicalizada" — pode adquirir diferentes conotações de acordo, principalmente, com a posição filosófica e/ou política dos autores.

Assim, distinguimos quatro vertentes: uma mais conservadora e menos elaborada teoricamente, representada sobretudo por Kenichi Ohmae; uma segunda, que recupera alguns elementos "pré-modernos", como o espírito de comunidade, e refortalece a relação sociedade/natureza, através das "biorregiões"; outra, muito mais elaborada no nível teórico, mas sem rupturas funda-

[39] Sobre a grande diversidade de posições dentro da "modernidade", ver o balanço que fizemos em "Questões sobre a (pós)modernidade" (Haesbaert, 2002, publicado originalmente na revista *GeoUERJ* n. 2, 1997). Foucault, por exemplo, em uma posição "radicalizada" sobre a ambiguidade do termo, afirma que só consegue entender efetivamente o sentido da "palavra modernidade" em Baudelaire (Foucault, 2000). O próprio Albuquerque Júnior reconhece, concretamente, a pertinência de uma "modernidade" (não muito clara em sua definição) na superação do "regionalismo arcaico" nordestino.

mentais no nível político, especialmente aquela inspirada na teoria da estruturação de Anthony Giddens (Giddens, 1989[1984]) e no neokantismo (o geógrafo alemão Benno Werlen); e, finalmente, uma vertente mais crítica, direta ou indiretamente ainda influenciada pelo marxismo e que, em maior ou menor grau, enfatiza questões de ordem econômica, da qual participam geógrafos como Massey, Agnew, Soja, Storper e Scott.

O globalismo neoliberal e o "Estado-região" de Kenichi Ohmae

Começando pelos mais conservadores — e/ou otimistas — em relação aos processos de globalização, podemos destacar Kenichi Ohmae, verdadeiro guru dos globalistas, consultor de grandes empresas e governos nacionais.

Para Ohmae (1996), autor que não deve ser considerado propriamente um teórico, envolvido com o pragmatismo de suas consultorias, a região vê-se revigorada com a perda de poder dos Estados-nações e a consolidação da dinâmica global. Num mundo "sem fronteiras" (Ohmae, 1990) o Estado se torna um instrumento dispensável — quase em extinção — e, em seu lugar, com importância muito maior do que a dos territórios políticos nacionais no que se refere à inserção nos circuitos econômicos globais, aparecem as "economias regionais" ou os "Estados-regiões transnacionais" emergentes.

Ohmae radicaliza: com o "fim do Estado-nação" (ou quase) emergem "economias regionais" que estabelecem um novo padrão de áreas geográficas capaz de atender com mais vantagens aos requisitos de um capitalismo globalizado. Revigorando a noção de região em sua perspectiva econômica, ele propõe os Estados-regiões como:

(...) unidades econômicas, e não políticas, e seu foco não tem nada de local. Eles [os "Estados-regiões"] podem residir dentro das fronteiras de um Estado-nação estabelecido [a exemplo da região em torno de São Paulo, no caso brasileiro]; porém, são motores do desenvolvimento tão poderosos porque sua orientação e sua ligação básica dão-se com a economia global (...) Os Estados-regiões têm que ser suficientemente pequenos para seus cidadãos compartilharem de interesses como consumidores, mas de tamanho suficiente para justificar economias não de escala (...) mas de serviços, a saber, a infraestrutura de comunicações, de transportes e de serviços profissionais essenciais à participação na economia global (Ohmae, 1996:83-84).

Situadas nas áreas mais dinâmicas intra ou transnacionais, sem fronteiras claras, os Estados-regiões corresponderiam à escala geográfica mais viável para a reprodução da dinâmica econômica global, acolhendo amplamente os investimentos externos e indo contra "as preocupações retrógradas do Estado-nação ao qual pertencem" (p. 74).

Podemos afirmar que, para Ohmae, a região é a escala ótima que deve ser estimulada a fim de assegurar os requisitos básicos do neoliberalismo global, substituindo o próprio papel do Estado[40]. Ele chega até mesmo a propor o número de habitantes ("na faixa de cinco a vinte milhões") que o Estado-região deveria comportar. Em síntese, no seu otimismo global-regionalista, ele afirma, "onde existe a prosperidade, sua base é regional" (p. 95) Por mais criticável que seja essa proposta, vinda de um dos gurus

[40] Essa visão lembra a da região como "quase Estado", defendida por Boisier (1992), entre outros autores, embora este enfatize seu papel político de "miniestado", produto da descentralização político-territorial que dá mais autonomia às regiões, como é o caso de muitas das chamadas "eurorregiões".

da globalização, ela exige pelo menos o reconhecimento de uma evidência clara: estão surgindo novas formas de articulação espacial, para além dos contextos locais-pontuais (a disputa por investimentos entre municípios, por exemplo) e para além do encerramento das fronteiras nacionais, igualmente impregnadas dos interesses altamente seletivos da economia globalizada.

A nova ênfase às relações sociedade-natureza e as "biorregiões"

Um conceito que, a exemplo do Estado-região de Ohmae, também tem claras pretensões pragmáticas, embora num sentido em geral muito mais crítico em relação à ordem "globalista" vigente, é o de "biorregião". Trata-se de um conceito moldado no contexto de movimentos sociais norte-americanos de base ecológica de algumas décadas atrás (Berg, 1977; Parsons, 1985) e que hoje se projeta também para alguns locais da América Latina, com incursões pela Europa, Japão e Austrália-Nova Zelândia.

Assim como o Estado-região de Ohmae tenta apreender uma das questões mais prementes da globalização contemporânea, seus efeitos sobre o poder do Estado-nação e a força das grandes corporações transnacionais no estabelecimento de sua lógica econômica global (que privilegia claramente de forma altamente seletiva algumas regiões), o chamado biorregionalismo tenta dar conta de outra problemática fundamental: a questão ambiental ou ecológica.

Para alguns defensores do biorregionalismo, como Mike Carr (2004), trata-se mesmo de contrapor à lógica monocultural do "globalismo" das grandes corporações, que advogam um só ou alguns poucos produtos para cada região do mundo, uma lógica da diversidade — ao mesmo tempo biológica e cultural — focada mais sobre o atendimento das necessidades dos grupos locais/regionais e apenas secundariamente do mercado global.

Sem dúvida trata-se de um posicionamento frente a uma questão de grande atualidade, especialmente num momento em que, dada a crise do modelo alimentar, de dimensões planetárias, o próprio Banco Mundial paradoxalmente tenta redirecionar sua política, valorizando agora as culturas de atendimento dos mercados regionais-nacionais.

A partir da definição naturalizante de biorregião de Berg como "lugares de vida únicos com suas próprias formas de solo e terra, bacias hidrográficas e climas, plantas nativas, animais e muitas outras características naturais", Carr (2004) afirma que ela sustenta um conceito de biorregiões como "regiões únicas, literalmente regiões *de vida* [*life regions*] que compõem a ecosfera" (p.75). Trata-se, segundo o autor, de uma abordagem holística que trabalha ao mesmo tempo com o todo e com as partes, sem ser "paroquialista, estreita e exclusionária", mas "compreensiva, ampla e inclusionária" (p. 76), pois vincula o local, o regional e o planetário, e, por isso, tem fronteiras flexíveis e permeáveis.

Entretanto, além dessa dimensão físico-biológica, comumente privilegiada nas abordagens estatais e corporativas, deve-se acrescentar uma perspectiva "cultural/fenomenológica" que enfoca tanto o "terreno geográfico" quanto "o terreno da consciência" (p. 76). Assim, afirma Carr:

> *Esta inclusão da cultura na natureza distingue o conceito de biorregião de muitos conceitos ecológicos de "ecorregiões" das ciências naturais, que tipicamente excluem a cultura humana do mundo natural, geralmente considerando questões culturais separadamente de questões de ecologia das ciências naturais. Em contraste, o conceito de biorregião é fluido, dinâmico e amplamente aberto; coloca a comunidade humana no interior das comunidades naturais e reconhece laços vitais entre terrenos da consciência humana e terrenos geográficos (sic). O processo efetivo de definição de uma biorregião (...) está baseado em tentativas de posicionar a*

cultura na natureza através da práxis de vida no lugar (2004:77).

É muito importante destacar aqui o caráter "não paroquialista" das biorregiões, que podem (ou mesmo devem) aparecer em várias escalas distintas, até mesmo na visão de "identidade biorregional" multi ou pluriescalar. Não se trata, portanto, da restauração daquilo que Massey (2000[1991]) denominou um sentido tradicional de lugar, introspectivo e autodefensivo, de fronteiras bem definidas e identidade homogênea. Nesse sentido, para além do "ecologismo" com que alguns o apresentam, trata-se de um conceito com potencial para muitos debates e reconfigurações no futuro, especialmente por recolocar em primeiro plano a discussão sobre as relações sociedade-natureza.

A teoria da estruturação de Anthony Giddens e a perspectiva neokantiana de Benno Werlen

A contribuição dos sociólogos ao debate regional não foi pequena. Além do já destacado artigo de Pierre Bourdieu (1989), no contexto francês, sobre região e identidade regional, temos, no ambiente anglo-saxônico, a contribuição muito relevante de Anthony Giddens, sobretudo seu texto "Tempo, espaço e regionalização" (Giddens, 1989 [1984]). Sua repercussão foi tamanha, que, entre outros desdobramentos, resultou em coletânea quase exclusivamente dedicada ao debate de sua teoria na Geografia Regional (Johnston, Hauer e Hoekveld [orgs.], 1990).

Através dos processos de "estruturação", Giddens propunha uma formulação teórica capaz de superar a dicotomia sociológica entre estrutura social e comportamento individual. Segundo Johnston et al. (1990), a socialização humana através das estruturas, também elas criações humanas, dá-se por ações que, ao mesmo tempo que refletem essas estruturas, as recriam, em contínua inter-relação reflexiva entre estrutura e agente. Integrados em sistemas cotidianos, rotineiros, de regras, esses agentes sociais necessitam de unidades organizativas menores, do contato face a face, para fazer valer e ao mesmo tempo recriar o sistema social mais amplo. A esses "sistemas sociais regionalizados" Giddens dá o nome de "locales", "contextos espaciais particulares" que geógrafos propõem denominar mais simplesmente "regiões", "circunstâncias contingentes nas quais as pessoas são feitas e nas quais elas atuam como agentes dentro de estruturas que são nossos modos de organizar a vida para nós próprios na Terra" (Johnston et al., 1990:8).

Nesse sentido, Lee (1990), citando um Nigel Thrift "estruturacionista" (numa obra de 1983), afirma que a região deve ser abordada como:

> *"ativamente passiva".... lugar de encontro da estrutura social e do agenciamento [agency] humano, suficientemente substantiva para ser geradora e condutora da estrutura, mas ainda suficientemente familiar [intimate] para assegurar que os "aspectos como-criaturas" dos seres humanos não se perderam* (Thrift, apud Lee, 1990:113; tradução livre).

Para Giddens a "regionalização" é efetuada a partir dos diferentes espaços-tempos em que nos situamos cotidianamente. Assim, ela significa "o movimento de trajetórias de vida através de cenários de interação que apresentam diversas formas de demarcação espacial" (1989:93) não como simples localização no espaço, mas "referente ao zoneamento do tempo-espaço em relação às práticas sociais rotinizadas" (p. 96), que podem ocorrer em múltiplas extensões e escalas — sendo que as mais amplas necessitam, obrigatoriamente, de elevado grau de institucionalização. Vai além, portanto, da mera delimitação de uma diferenciação geográfico-material do espaço.

Outra visão, teoricamente bastante elaborada, de algum modo também ligada à teoria da estruturação de Giddens e bastante favorável aos processos de globalização, é a de Benno Werlen (2000)[41]. Ele faz uso preferencialmente de dois termos correlatos a região, regionalismo e regionalização, sendo coerente com sua perspectiva neokantiana e fenomenológica (na linha de Husserl e Schutz) centrada na ação e não no espaço, que ele, fiel a Kant, considera um "quadro formal de referência para os componentes físicos das ações" e não um "objeto material" ou um "conceito empírico" (Werlen, 2000:9).

Lembrando um pouco a "primeira" Ann Markusen, que preferia "regionalismo" a "região", evitando assim a reificação do espaço, Werlen prioriza a ação e não os "objetos". Ao definir regionalismo, por exemplo, ele se refere a um movimento de dupla face, pautado em "unidades holísticas pré-modernas", mas que reivindica, "no sentido moderno, direitos de autodeterminação", com o "domínio de categorias espaciais sobre categorias sociais" (p. 8) ou, em outras palavras, o regionalismo é "uma tentativa de glorificar as formas de vida tradicionais pré-modernas sob condições da modernidade tardia" (p. 17). Contrapõem-se assim "sociedades regionais tradicionais", "espacialmente centradas", e "sociedades globalizadas da modernidade tardia".

Com relação à regionalização, porém, Werlen é muito mais favorável, reconhecendo sua relevância, mesmo num mundo globalizado e, na trilha de Giddens, defendendo estudos das "regionalizações da vida cotidiana". Para ele, numa geografia centrada no sujeito e na ação, e não no espaço, "as implicações regionalizadoras das ações humanas são de interesse central". Na linha da regionalização proposta por Giddens (1989[1984]) como uma zoni-

---

[41] Infelizmente, por falta de domínio da língua alemã, não tive acesso a sua obra mais importante na temática da regionalização, "Geografia Social das regionalizações cotidianas, volume 2: Globalização, Região e Regionalização" (Werlen, 1997).

ficação do espaço-tempo relacionada às práticas sociais cotidianas[42], Werlen propõe três tipos e seis subtipos de regionalizações (p. 22), envolvendo desde o âmbito produtivo e do consumo até o normativo-político e o informativo-simbólico. Em síntese:

> *Uma geografia social baseada na ação objetiva reconstruir regionalizações cotidianas do mundo da vida [globalmente vinculadas] de sujeitos humanos e examina criticamente as representações geográficas não questionadas do mundo que são tão frequentemente mobilizadas politicamente pelos discursos regionalistas e nacionalistas, (...) duas formas específicas de iniciativas políticas de regionalização do mundo* (p. 23).

A abordagem "neomarxista" e a des-continuidade da região

O resgate da região frente aos processos de globalização aparece, também, em diferentes abordagens politicamente bastante críticas, ligadas, direta ou indiretamente, a uma base materialista dialética. Podemos diferenciá-las a partir da ênfase nas formações regionais mais "tradicionais" (como aquelas de perfil "zonal", vinculadas a movimentos regionalistas ligados diretamente ao Estado-nação) e em construções mais inovadoras (como as que admitem a construção de regiões descontínuas ou em rede).

Algumas proposições de Agnew (2001) enfatizam a manutenção das regiões a partir de tradicionais fenômenos mesoescalares como os regionalismos e as identidades regionais, distinguindo, obviamente, os elementos responsáveis hoje por esse refortalecimento, como a fragilização dos Estados (especialmente no ex-bloco socialista) e reações no interior da dinâmica globalizadora.

---

[42] É importante destacar aqui a proximidade dos dois autores. Werlen realizou estudos com Giddens, na Inglaterra, e este escreveu o prefácio à edição inglesa de seu *Sociedade, Ação e Espaço* (Werlen, 1993)

Outro grupo de propostas admite e mesmo enfatiza o caráter descontínuo da região, tanto na forma de uma "região com buracos" (Allen, Massey e Cochrane, 1998), quanto na forma de uma "rede regional", sobretudo de bases urbanas, como na "cidade-região" de Scott, Agnew, Soja e Storper (2001).

Allen, Massey e Cochrane repensam a região numa abordagem que, embora muito provavelmente não concordem com o termo, propomos denominar neomarxista, pelas raízes em que se baseia, um marxismo bastante aberto e que dialoga francamente com outras abordagens ("pós-estruturalistas"), incluindo aí a discussão sobre as representações (análise do discurso) e a identidade. Nesse repensar da região eles recuperam a relevância da mesoescala regional, analisando empiricamente o que denominam região neoliberal do sudeste da Inglaterra. Esta é vista a partir do projeto neoliberal de Margaret Thatcher, que priorizou essa área como o principal foco de investimentos do país, deixando em segundo plano o norte industrial que correspondeu no passado à área *core* da economia inglesa.

Sobre essa base empírica os autores irão formular um conceito de região que coloca em xeque alguns de seus elementos tradicionais, como a continuidade espacial. Elemento central nessa proposta é a ideia de coesão, um pouco na linha da "coesão funcional" aludida por Santos (1999), mas acrescida também do que propomos denominar uma "coesão simbólica", do campo das representações, mais subjetivo. Os autores se reportam, assim, não apenas aos laços econômicos, mais concretos, firmados através da economia capitalista, mas também ao modo como o discurso — na mídia, por exemplo — elabora uma imagem (pretensamente) integrada, uma identidade comum a toda região sudeste da Inglaterra. Essa identidade, altamente positiva, é "vendida", podemos dizer, no mesmo estilo com que se faz o conhecido "marketing das cidades" — trata-se, portanto, propomos afirmar, de um "marketing das regiões", ao mesmo tempo seu criador e sua criatura.

Na mesma medida em que autores como Thrift se reportam a uma nova relação prioritária, que se pode estender do local diretamente ao nível global, aqui também são priorizadas as relações com o nível global, partindo, porém, de uma escala regional em seu sentido mais difundido, supralocal e infranacional. Algumas regiões mais claramente definidas, como a Catalunha espanhola, demonstram bem essa relação com os circuitos globais, a busca de autonomia frente aos poderes centrais nacionais a fim de dialogar diretamente com os circuitos econômico-políticos na escala transnacional, neste caso, europeia ou global.

Como, nesse ponto de vista, as regiões são construídas tanto material quanto discursivamente, dentro de um sistema de representações, cada uma dessas modalidades afeta a outra, e a coesão dada pela "imagem" da região pode ser mais firme do que as próprias relações materiais que ela comporta. Raramente, aliás, uma região irá manifestar, como ainda parecia ocorrer nos tempos de La Blache, uma coerência entre espaço econômico, político-social e cultural (sem falar no natural). No caso do sudeste da Inglaterra, ainda que a política econômica de Thatcher pudesse ter tido algum sucesso no nível mais estritamente cultural, traduzindo um sentido mínimo de coesão simbólica para a região (pelo menos em relação aos grupos hegemônicos), as práticas econômicas neoliberais efetivamente produzidas seccionaram o espaço, de forma a "integrar" ou dar coesão (funcional, neste caso) apenas para algumas parcelas altamente seletivas, criando o que os autores irão denominar "região com buracos"[43], pela quantidade de áreas excluídas do *boom* econômico neoliberal.

Seria impossível, assim, traçar um "retrato completo" da região, uma vez que os múltiplos sujeitos que a constroem produzem espaços muito pouco conectados entre si. O sul da Inglaterra

---

43 Para fazerem alusão a essa configuração, os autores recorrem à metáfora do *doily*, um guardanapo de crochê colocado sob pratos ou copos, cujo rendilhado, repleto de aberturas, permite visualizar a superfície da mesa.

dos mais pobres, por exemplo, que constitui boa parte do que eles denominam os "buracos" da região, pouco ou nada tem a ver com os espaços dos mais ricos, territórios-rede intensamente conectados dentro dos circuitos do capitalismo globalizado — próximo daquilo que Harvey (1985) chamou de "coerência estruturada" para a produção e o consumo. Os autores, porém, vão mais longe: destacam a região como "lócus de poder", vinculado a múltiplas escalas (e não apenas subordinado a uma escala mais ampla, como aquela da "globalização", podendo também aí intervir), cuja "coerência regional" parte simplesmente do princípio de que, no caso dos mecanismos de crescimento neoliberal adotados para o sudeste da Inglaterra, estes não se espalharam pelo resto do país. Essa coerência restrita a certas relações econômicas pode imbricar-se de modo contraditório em "outras geografias de outras relações sociais" (p. 58). Assim, os autores defendem

> *(...) uma habilidade para definir regiões/lugares [aqui os dois conceitos podendo se confundir] para certos propósitos (de modo a capacitar a formulação de certas questões), ao mesmo tempo em que sustentam a noção de que este é um modo de ver, uma perspectiva a respeito, uma espacialidade mais inteira que pode ser repleta de incoerência e paradoxo (...). Apesar disso, é importante também analisar a natureza e o grau de integração dessa hipotética região* (p. 58, tradução livre).

Embora as diferenciações continuem a definir as regiões, essas diferenças, hoje, são muito mais bem identificadas pela análise das interconexões do que das oposições ou contrastes, ou seja, interessam muito mais as ligações inter-regionais do que os tipos de fronteira, de separação. A região, assim, num sentido bastante genérico, se torna mais porosa, instável, não possui limites claros e é dotada de grande variabilidade interna.

Acreditamos que a principal inovação na proposta desses autores é justamente a ênfase nessa intensa diferenciação ou fragmentação intrarregional, especialmente através do fenômeno da "exclusão" social[44], e que inclui a constatação de descontinuidades internas, os "buracos" ou "áreas 'dentro' da região que não se caracterizam pelos mecanismos/aspectos que fazem parte dos critérios da definição regional", ou seja, os vínculos de coesão dados pela produção econômica e social do espaço em seu conjunto (Allen et al., 1998:55).

A visão crítica do mosaico de "cidades-região"

A visão de região de Scott (2001) e Scott et al. (2001), embora não explicite com igual ênfase a fragmentação espacial e os fenômenos que denominamos coesão simbólica, não está longe daquela defendida por Allen, Massey e Cochrane, já comentada. Provavelmente a distinção principal seja a de que eles enfatizam ainda mais o papel das redes e das cidades (em especial as cidades globais) na reestruturação regional. Em trabalho anterior, Scott (1998) utiliza o termo "região"

> *(...) para designar uma área geográfica caracterizada por um certo nível mínimo de desenvolvimento metropolitano, juntamente com uma área de 'hinterland' associada, isto é, um espaço que funciona como a estrutura espacial comum das atividades socioeconômicas sujeitas a forças centrípetas ou polarizadoras* (p. 1).

Trata-se de concepção que de alguma forma dá sequência a outras já tradicionais na Geografia, como a de região funcional urbana e/ou região polarizada, já aqui comentada, que, de forma

---

44 Considerada toda a polêmica em torno do termo, como já discutido em Haesbaert (2004, especialmente no Cap. 7.2, "Desterritorialização e Aglomerados Humanos de Exclusão").

mais padronizada e hierarquizada, privilegiava as cidades (especialmente as metrópoles), suas áreas de influência e seus níveis de polarização. Como afirma Soja (2000),

> *Talvez tenha chegado o tempo de mudar a ênfase para a região, absorver o urbano no regional, ver o processo de urbanização e o desenvolvimento do urbanismo como um modo de vida [way of life] simultaneamente um processo de regionalização e a produção da regionalidade* (p. 179).

Lencioni (2006), inspirada no caso paulistano, também enfatiza o vínculo entre metropolização e regionalização, cuja unidade se daria pela produção das "cidades-região" no bojo dos processos de metropolização. Para a autora, essa nova estrutura regional institui "as condições gerais indispensáveis à atual reestruturação produtiva" e rompe com os tradicionais arranjos geográficos piramidais, pois "na cidade-região, as escalas entre o local, o regional e o global se integram de forma anastomosada, ou seja, se unem por meio de complexas e inúmeras ramificações que não estabelecem uma estrutura hierárquica" (p. 74).

Scott, juntamente com outros geógrafos, como Soja e Storper, propõem a noção de "cidade-região global". Aqui, retomando a velha máxima de que não é a região que faz a cidade, mas a cidade que faz a região, não é também o Estado-nação ou a empresa nacional que, de alguma forma, "comanda" a estruturação regional, mas os circuitos (especialmente financeiros e comerciais) da globalização hegemônica. A perda relativa de poder de regulação do Estado seria justamente um dos responsáveis por essa "ascensão" das economias e de uma certa capacidade de governança regional. Daí a relevância de percebermos, também, os dois componentes que, articulados, compõem esta mudança conceitual: "cidade-região" e "cidade global".

Como tanto a "cidade-região" quanto a "cidade global" se organizam, basicamente, em rede, voltamos à polêmica tese de que a lógica de um mundo reticulado eliminaria a lógica tradicional de um mundo "regionalizado" (ou, para alguns, em terminologia muito controversa, "territorializado"[45]) em que se podiam delimitar zonas com relativa uniformidade. Na verdade, o que podemos deduzir desses autores é que há uma sobreposição de lógicas, reticulares (a princípio, mais globalizadas) e zonais (a princípio, mais "regionalizadas").

Sob o comando das cidades globais, as cidades-região "funcionam, cada vez mais, como nós espaciais essenciais da economia global e como atores políticos específicos na cena mundial" (Scott et al., 2001:11). Não é mais a cidade, enquanto uma "unidade", que comanda a organização do espaço, mas um conjunto que pode ser denominado tanto "cidades-região" como "redes regionais de cidades", emergindo assim como "um novo e decisivo fenômeno geográfico e institucional no atual estágio da economia mundial" (p. 11). Em síntese, "na base de todo o sistema encontra-se um mosaico ou arquipélago de grandes cidades-região constituindo uma das principais redes estruturais da nova economia mundial" (p. 13) e que, como os Estados-região de Ohmae, não necessariamente se restringem ao interior das fronteiras de um Estado-nação.

Essa ideia de "mosaico" ou "arquipélago" lembra a concepção de regiões descontínuas de Allen et al., embora estes trabalhem aparentemente com uma possibilidade mais ampla de "regionalizações" (construtos que também dependem dos critérios que o pesquisador utiliza). Podemos acrescentar, então, que os processos de inclusão/exclusão espaciais são fundamentais nesta nova regionalização do mundo, mundo este cada vez mais composto de regiões prioritárias e regiões secundárias ou mesmo completamente desprezadas pelos capitalistas globais[46].

---

45 A esse respeito, ver, por exemplo, as polêmicas proposições de Amin, 2004.

46 Nesse sentido, ver o trabalho precursor das regiões "ganhadoras" e "perdedoras" de Benko e Lipietz, 1992.

Como afirma Klink (2001), a cidade-região global torna-se "a plataforma privilegiada para disputar os mercados globais, aproveitando-se de uma série de vantagens de aglomeração", além de constituir, diante das limitações do Estado-nação, "o âmbito mais adequado para elaborar iniciativas político-institucionais novas e flexíveis" (p. 14). O capital internacional flui para aqueles locais que dispõem de melhores condições em termos de conectividade (as cidades-região são as áreas mais bem conectadas às redes globais), capacidade de inovação (com grandes centros de pesquisa e desenvolvimento), ou seja, força de trabalho qualificada e empreendedora, flexibilidade institucional (capazes de lidar diretamente com as firmas globais), além de uma ótima qualidade de vida para os trabalhadores (sobretudo aqueles altamente qualificados), o que inclui infraestrutura urbana e segurança pública — este, fator de crescente valorização, se não na prática pelo menos no discurso, nas atuais "sociedades de controle" ou de "in-segurança" em que vivemos.

Autores como MacLeod (2001), que não se restringem à análise "regional" das "cidades-região", chegam a afirmar que, pelo menos em áreas mais influenciadas pelo novo padrão de acumulação de um capitalismo "conhecimento-intensivo", as regiões se tornam unidades econômicas-chave da economia global. Um dos geógrafos que mais enfatizou essa perspectiva, em abordagem crítica não propriamente marxista, foi Michael Storper (1997). Para ele, "após a produção em massa" do padrão fordista de acumulação, especialmente a partir do início da década de 1980, a economia capitalista voltou-se profundamente para questões da ordem dos "regionalismos e da regionalização" (1997:3), uma espécie de "ressurgência" da região como foco da economia pós-fordista ou do chamado capitalismo flexível, pautado nas economias da informação e do conhecimento. Assim,

> *Numa escala mais ampla, tornou-se evidente que, mesmo com a crescente intensificação do comércio global e dos*

fluxos de investimento, as especificidades nacionais em termos de produtos comercializados e tecnologias produzidas cresceram: em certo sentido, integração não estava trazendo similaridade, mas especialização, uma forma de regionalização (Storper, 1997:4; tradução livre).

Não apenas a economia, mas também iniciativas de ordem política (da *policy*) passam a levar em conta, como escala fundamental, a "região subnacional", que inclui também regiões transfronteiriças, reunindo mais de um país. Desde as "regiões protótipos" deste modelo, centradas na experiência europeia, como a famosa "Terceira Itália" e Baden-Wurtemberg, na Alemanha, além de, em outra configuração, o Vale do Silício, nos Estados Unidos, muitos debates foram empreendidos em torno da possibilidade — ou não — da generalização conceitual desses novos "sistemas regionais" (ou, em outros sentidos, tipos de "arranjos produtivos" e *clusters* regionais), ligados à produção de inovações e articulados sobretudo a setores econômicos emergentes, como as indústrias referentes à comunicação e ao lazer.

Com relação às cidades-região, uma questão importante é que, obviamente, elas não são espaços imunes às sérias problemáticas geradas no próprio bojo dos processos globalizadores. Todas elas se veem assim envolvidas, em menor ou maior grau, com dilemas como a imigração ilegal, a miséria e a pobreza, a luta contra a degradação ambiental, os reclames por direitos de cidadania em diversos níveis e a defesa das identidades culturais. Deve-se ter cuidado, portanto, para não cair em uma visão otimista das cidades-região globais como "modelos" a serem defendidos, tal como o Estado-região "ótimo" de Ohmae, nem em leitura economicista em que a economia é o único "motor" dessas cidades-região.

Mesmo que elas ainda não funcionem claramente como entidades institucionalizadas, seu peso político é cada vez mais evidente, na constituição de um poder mundial multifacetado e multiescalar, e as representações ou os símbolos que se constroem sobre (e com) elas, embora nem sempre enfatizados no mesmo grau que aquele apontado por Allen et al. para o sudeste da Inglaterra, podem ser tão importantes quanto sua "realidade" econômico-política, em sentido mais explícito.

Finalizando este item, é interessante observar que, mais do que distinções claras, há muitos pontos comuns entre diversos autores focalizados aqui como responsáveis pela "ressurreição" da região nas últimas décadas. Assim, enquanto no passado a região — ou o fenômeno regional, de maneira mais concreta — acabava se reportando basicamente à relação com o Estado, agora ela se coloca, sobretudo, frente às dinâmicas de caráter global, enfatizadas em diferentes níveis por essas abordagens. Em termos de escala, enquanto alguns se preocupam mais com o nível local ou cotidiano de relações (caso de Thrift e alguns dos partidários da teoria da estruturação), outros privilegiam o regional em seu tradicional caráter mesoescalar (caso de Ohmae, Allen/Massey/ Cochrane, Agnew e Scott/Storper), mas todos referidos, de algum modo, à dinâmica globalizadora, os circuitos regionais "reagindo" contra e/ou servindo de base para a assimilação dos processos globais — como se, dependendo do contexto, diferentes escalas fossem acionadas como articuladoras da coesão e/ou relativa coerência regional.

A questão do debilitamento ou da reconfiguração do Estado, direta ou indiretamente também é focalizada em todas as perspectivas. Enquanto para uns, conservadores, tendo à frente Ohmae, o Estado está praticamente fadado ao desaparecimento, para outros, como Agnew e Allen et al., ele ainda é um ator fundamental, embora perca terreno para um poder de caráter mais pluriescalar. O surgimento ou a necessidade de uma nova escala de gestão é defendida especialmente por Ohmae ("gestão" do livre mercado nas "economias regionais") e por Scott et al. (numa preocupação muito maior com as condições sociais dos habitantes das "cidades-região").

Por fim, uma perspectiva às vezes de tendência economicista está presente em algumas dessas interpretações, como nas que enfatizam apenas a mudança do padrão de acumulação — do fordismo mais centralizado para o pós-fordismo mais flexível. Muitos, contudo, abrem amplo espaço para a introdução, também, de questões políticas e culturais. O campo das representações ou das imagens moldadas sobre a região, destacado por Allen et al., por exemplo, traz à tona, mais uma vez, a discussão em torno das identidades regionais e do "regionalismo" — este, ainda que focalizado agora muito mais num sentido econômico, podendo ser relido através da perspectiva da luta por autonomia dentro da esfera nacional-global, como enfatiza John Agnew.

1.4. Entre realidade empírica e construção intelectual: a região como fato e como artifício

Como vimos no decorrer da discussão sobre as distintas concepções de região, falar em região é também, concomitantemente, envolver-se com os diversos processos e/ou métodos de regionalização — seja priorizando o campo epistemológico, como um procedimento operacional ou instrumento de análise proposto pelo pesquisador, seja numa perspectiva mais realista, como um "fato" ou, de forma mais nuançada, como um processo efetivamente vivido e produzido pelos grupos/sujeitos sociais.

De outra forma, podemos afirmar que o conceito de região e, por extensão, os processos de regionalização que o acompanham, epistemologicamente falando, são moldados dentro de um amplo *continuum*, desde a visão mais racionalista que percebe a região como mero construto do nosso intelecto, espécie de artifício ou instrumento que permite o entendimento das "partes" do espaço geográfico (através de princípios gerais de diferenciação/homogeneização), até abordagens mais realistas, em torno de fenômenos socioespaciais efetivos, tanto no sentido mais objetivo e/ou funcional, referindo-se à organização de espaços econômicos a partir de sua incorporação na divisão inter-regional do trabalho, quanto no sentido das realidades imateriais, simbólicas, através, por exemplo, da manifestação de identidades regionais no contexto de nossos espaços vividos.

Agnew (1999) propõe trabalhar o debate regional a partir de um contraponto entre o que ele denomina "regiões na mente" e "regiões da mente", em outras palavras, posições "realistas" e "construtivistas", como se a região pudesse ou simplesmente "estar lá" e como tal devesse ser reconhecida, ou fosse mero produto da mente do pesquisador, em uma clara tensão da ideia de que algo é ou efetivamente "real"-objetivo ou simplesmente "construído"/convencionado subjetivamente. Dessa forma, ele parte da distinção entre:

> *...aqueles que reivindicam o manto "real" para suas regiões e aqueles que veem todas as regiões como meras invenções de um observador cujas definições dizem mais sobre a posição político-social daquele observador do que os fenômenos que as regiões mantêm para classificar. Assim, temos conflitos entre realistas e construtivistas, empirismo e pós-modernismo (...)* (Agnew, 1999:92, tradução livre).

Em seus extremos, essas posições corresponderiam, de forma bastante genérica, a uma contraposição entre regiões que simplesmente estariam no "real" (e a partir daí passariam a ser "refletidas" na ou reconhecidas pela nossa mente) e regiões que seriam produto apenas do próprio intelecto, da própria razão ou da subjetividade do pesquisador. De um outro modo, propomos denominar essas duas perspectivas a região como *fato*, evidência "real" e, assim, passível de ser objetivamente reconhecida e/ou produzida, e a região como *artifício,* como instrumento, meio ou construto moldado pelo sujeito (em perspectiva epistemológica, o intelectual ou pesquisador)[47].

O primeiro significado para "artifício" que aparece no *Novo Dicionário Aurélio* é "processo ou *meio* para se obter um artefato ou um objeto artístico" (p. 205, grifo nosso), vindo depois habilidade, engenho, mecanismo ou, simplesmente, "aquilo que é artificial". Isso não quer dizer, obviamente, que, por ser apenas um meio, um mecanismo "artificial" — ou, em outras palavras, algo que pode ser visto como uma espécie de "ardil", falso ou supérfluo, negativo — ele se contraporia ao não artificial, ao "natural", ao evidente, que, em perspectiva empirista, seria então o "verdadeiro" e, por extensão, em certo sentido, também o "bom", o "útil".

Tal como no debate mais amplo sobre as "representações" que, pelo menos em sua leitura mais tradicional, poderiam ser vistas também, em certo sentido, como "artifícios", a região, mesmo enquanto mero artifício analítico, obviamente não deixa de ter sua relevância, enquanto indicadora/viabilizadora de caminhos ("direções", como expresso em sua própria origem etimológica) e estratégias (políticas, obviamente). Isto nos lembra o famoso conto de Jorge Luis Borges em que um rei, fascinado pelo "rigor da ciência" (título do pequeno conto), encomenda o mapa mais perfeito

---

47 Numa perspectiva um pouco distinta, Ribeiro (2004) propõe a região como fato e a região como ferramenta, a primeira associada "aos jogos dinâmicos da disputa de poder, inscritos nas diferentes formas de apropriação (construção e uso) do território" (p. 195), independente da "ação hegemônica do presente" (p. 194), a segunda ligada ao planejamento e aos "movimentos do presente", objeto de disputa do Estado, das corporações e dos movimentos sociais (p. 197). Em nosso entendimento essa "região como ferramenta" se aproxima mais do que aqui iremos considerar uma terceira perspectiva, mais normativa e pragmática, distinguindo assim o sentido da região como "ferramenta" ou instrumento analítico, intelectual, e nas ações de efetiva transformação, especialmente aquelas ligadas ao planejamento.

dos seus domínios. Ao coincidir com o próprio tamanho do reino, o mapa perde toda sua razão de ser — "despedaçado", passa a servir como abrigo para animais e mendigos (Borges, 1999).

O mapa ou a representação cartográfica tem sua razão de ser justamente no fato de que é uma simplificação, uma representação, capaz de, pelas opções de escolha do cartógrafo, orientar nossa localização e nossos deslocamentos. Da mesma forma, mesmo que nossas regionalizações sejam vistas como meros recursos analíticos ou representações (em sentido simples), seus "recortes" (ou "aglutinações") podem revelar-se indispensáveis para uma série de procedimentos práticos. Imprescindível, contudo, é que tenhamos plena consciência da condição (metodológica, neste caso) em que estamos utilizando o conceito.

Assim, a região, por um lado, pode ser concebida como um fato ou uma realidade — seja no âmbito materialista, a partir de um arranjo de relações materiais ou mesmo naturais do espaço, seja na perspectiva idealista das representações e símbolos que através dele são construídos e partilhados (um "fenomenólogo" poderia afirmar que, inserindo aí um "espaço [efetivamente] vivido", estaríamos superando o duo materialismo-idealismo). Por outro lado, num âmbito mais estritamente epistemológico, a região pode ser vista como um artifício ou mecanismo social-intelectual, necessário para o entendimento e, de forma mais ampla e pragmática, para a própria produção de uma nova realidade. Na verdade, se as escalas — e a própria região — são construídas e contingentes, como afirma Moore (2008), elas são também objeto de disputas sociais e políticas, continuamente repostas — por exemplo, através das próprias iniciativas de composição de "regiões-plano" promovidas por órgãos estatais de planejamento.

Poderíamos, então, acrescentar ainda, aqui, uma outra perspectiva, aquela que projeta a concepção de regionalização não como ação efetiva da multiplicidade de sujeitos sociais (e, para alguns, também, de processos naturais) que a produzem, nem apenas como recurso ou convenção analítica para o discernimento da diferenciação espacial, mas como instrumento para proposições concretas de transformação, ou seja, através da região vista como instrumento não apenas de análise, mas, sobretudo, de ação/intervenção — uma espécie de "região a ser construída" ou ideal, numa abordagem que adquire um caráter normativo. De certa forma, trata-se ainda de uma abordagem da região enquanto "artifício", mas com a importante diferença de que se trata aqui de um artifício moldado não exatamente para o entendimento do que *é* a região (ou, de forma mais complexa, do como a região *vem a ser o que é*), mas muito mais para projetar o que ela *deve(ria)* ser.

Num sentido amplo, propomos então identificar três grandes caminhos de referência no tratamento da região e/ou da regionalização que, apesar de imbricados, podem (e muitas vezes devem) ser reconhecidos em sua especificidade, já que não são redutíveis um ao outro:

— uma abordagem mais "realista" da região como fato, tanto no sentido epistemológico mais tradicional da região como um dado, evidência empírica externa ao sujeito conhecedor (ao qual caberá então "reconhecê-la"), quanto no sentido mais ontológico da práxis que, a partir daí, propõe trabalhar com a interação sujeito/objeto, teoria/prática;

— um sentido de viés mais estritamente epistemológico, em abordagem racionalista, da região como artifício ou construto que, enquanto instrumento metodológico, responde a questões analíticas, tornando-se assim "operacional" para os requisitos e/ou objetivos do investigador;

— um sentido mais normativo ou "pragmático-político" (do que a região "deve ser"), da região como instrumento de ação e/ou projeto de intervenção no real, ou seja, de alguma forma vinculada a mecanismos de planejamento e ação.

Por fim, ao lado dessas três grandes formas de abordagem defenderemos, mais à frente, a região/regionalização como *artefato* — uma expressão que busca conjugar, ao mesmo tempo, o caráter "factual" ou, num sentido mais amplo, fenomênico (e que extrapola a dimensão material, tão frequentemente priorizada, estendendo-se pela concepção do simbólico e do "vivido"), e o caráter "arti-ficial" ou em perspectiva não dicotômica, construtivo/construtivista da região. Consideramos que o termo "artefato" (ou, se quisermos, *arte*fato) consegue sintetizar bem essa ambivalência ou, de outra forma, esse caráter relacional do espaço regional.

a. Abordagens "realistas": a região/regionalização como fato ou evidência empírica

Utilizamos o termo "realismo" entre aspas para enfatizar um de seus sentidos, bastante amplo, sem entrar, assim, na grande polêmica que ele envolve, em suas diferentes manifestações histórico-filosóficas. Focalizaremos aqui aquilo que alguns denominam "realismo científico", que reconhece serem nossos objetos de conhecimento absoluta (mais nas ciências naturais) ou relativamente (mais nas ciências sociais) "independentes da investigação ou, de modo mais geral, da atividade humana" (Bhaskar, 1996:647)[48].

Em seu sentido muito amplo, encontramos várias posturas que podemos considerar, de forma genérica, "realistas" na história da Geografia Regional, desde as mais "naturalistas" da primeira metade do século XIX, até outras mais culturais, por exemplo, em "um certo" Vidal de la Blache, no início do século XX. Mais uma vez, entretanto, devemos ter cuidado para não generalizar. Como já vimos, há diversos Vidal de la Blache. Em um de seus primeiros textos sobre regionalização, "As divisões fundamentais do

---

48 O *Dicionário Cambridge de Filosofia* [Audi, 1999]) identifica também um "realismo metafísico", referido à existência da "realidade" (ou do "ser") do mundo exterior, independentemente da experiência ou da ideia/conhecimento (do sujeito, para muitos).

território [ou do solo] francês" (Vidal de la Blache, 1888), ele trata explicitamente a região como um dado, "algo vivo a que o geógrafo deve aspirar e reproduzir". A base empirista aí implícita, o real como um dado a ser "refletido" em nosso pensamento, é clara e subentende também a leitura do mundo, das "regiões" como uma realidade autoevidente.

Assim como há diversos La Blache, há um número ainda maior de "lablacheanos". Por exemplo, se considerarmos Camille Vallaux um autor que sofreu sua influência, é curioso observar que Hartshorne utiliza-o justamente para corroborar a ideia contrária, de que a síntese regional não passa de um "artifício lógico e um método de ensino [ou de instrução]" (Vallaux, apud Hartshorne, 1939:461). Hartshorne (1939) criticava o conceito de região a partir de "unidades definidas, concretas, quando não naturais" (p. 426), que reaparecera na passagem do século XIX para o XX, advogando ele a "hipótese" de que a região não era nem autoevidente nem um produto da investigação geográfica.

Algumas leituras positivistas clássicas, mais diretamente fundadas no empirismo, na experimentação e nos "fatos", podem ser tidas como realistas no sentido de advogar "refletir" ou "representar" fidedignamente a realidade através de seus conceitos, sempre passíveis de verificabilidade[49], como se fossem seus "duplos"[50]. Certos neopositivistas (ou positivistas lógicos), como bem sabemos, acabaram entretanto sobrevalorizando modelos

---

[49] "Embora nem todos os positivistas restringissem tão claramente o significado às formas de experiência que os empiristas tinham em mente, eles estavam convencidos de que uma asserção contingente genuína sobre o mundo devia ser verificável através da experiência ou da observação". (Audi, 1999:514)

[50] Em posição diferente e mais estrita de realismo como realismo crítico, que reconhece a distinção entre mundo e seu pensamento para além do duo verdade absoluta e relativismo, Sayer (2006) advoga justamente o "não realismo" dos positivistas, ao imaginarem o conhecimento como simples reflexo de nosso mundo.

a priori e concentrando seu foco no sujeito do conhecimento, na razão, nos padrões teóricos. Nesse caso, a região aparece não como fato, realidade empírica, mas como simples artifício, instrumento analítico do pesquisador, abordagem que será tratada no próximo subitem.

A dialética marxista, em sua crítica à lógica formal neopositivista, de certo modo recoloca o realismo, em bases fundamentalmente novas, no centro da arena geográfica, valorizando a práxis geográfica e historicamente produzida. A região, muito mais do que mero recurso analítico, aparece como realidade social e histórica, construída permanentemente através da dialética sociedade-espaço e/ou cultura-natureza. As reações mais subjetivas de diversas correntes ligadas à chamada Geografia humanista, enfatizando, por exemplo, a região como "espaço vivido", correram paralelas, na crítica tanto ao idealismo objetivista dos neopositivistas quanto ao estruturalismo materialista de muitos marxistas.

Murphy (1991), na tentativa de realizar a interação entre perspectivas estruturalistas (ou "estruturacionistas", nos moldes teóricos de Anthony Giddens) e humanistas, argumenta que o efetivo caráter (realista) das regiões deveria ser considerado na conceituação dos processos sociais que aí têm lugar:

> *Isto por sua vez requer uma teoria social em que composições regionais* [regional settings] *não são tratadas simplesmente como abstrações ou dados espaciais* a priori, *mas são vistas como resultado de processos sociais que refletem e moldam ideias particulares sobre como o mundo é ou deveria ser organizado* (p. 24, tradução livre).

Gregory (2001), em leitura mais estrita de realismo, filia-o sobretudo ao materialismo histórico e à teoria da estruturação, a partir da vinculação entre realismo e prática. Apesar da força que essas correntes tiveram, como já vimos, na renovação do pensamento regional, especialmente no tratamento da região como produto do desenvolvimento capitalista desigual e combinado e das diversas formas de divisão territorial do trabalho, o autor reconhece que

> *O realismo era uma presença poderosa na Geografia Humana dos anos 80, mas sua estrela parecia declinar na década de 1990. Em parte, talvez, isto foi o resultado das conexões estabelecidas entre o realismo e o materialismo histórico e entre o realismo e a teoria da estruturação. A retirada (ou o avanço para além) dessas formulações parece ter ocorrido paralelamente ao deslocamento do realismo da posição central que ele assumira dentro da Geografia Humana pós-positivista. Em parte, talvez, isso tenha sido também o resultado de profunda incerteza sobre como aportes conduzidos sob o signo do realismo vinham sendo escritos* (Gregory, 2001:675).

Correntes contemporâneas dentro do pós-estruturalismo passaram a valorizar o caráter mais relativo e construtivista do conhecimento, levando até mesmo, mais recentemente, a reações de autocrítica ao subjetivismo e/ou ao culturalismo de algumas de suas proposições, como faz a chamada "teoria não representacional", mais realista (ou, talvez defendessem seus partidários, para além do duo realismo-idealismo), cunhada por Nigel Thrift (1996, 2008), já aqui citada ao comentarmos sua proposta de uma "nova" Geografia Regional. Segundo o próprio autor, em verbete escrito para o *Dicionário de Geografia Humana* organizado por Johnston et al. (2001), essa abordagem propõe uma "teoria das práticas móveis" que questiona a sobrevalorização do campo das representações e enfatiza "teorias da prática que amplificam o potencial do fluxo dos eventos" (Johnston et al., 2001:556).

b. Abordagens analítico-racionalistas e/ou "construtivistas": a região/regionalização como artifício ou construto intelectual

Ao contrário do que ocorre em determinadas perspectivas ditas realistas, para boa parte dos que são conhecidos como "construtivistas" o conhecimento não advém de ou "está" na própria empiria, mas, antes, é produto de nossas práticas e/ou interpretações sociais. Entre suas diversas versões, muitos sustentam mesmo que, como na expressão do *Dicionário Cambridge de Filosofia*, "o mundo só nos é acessível através de nossas interpretações, e a ideia de uma realidade independente é, na melhor das hipóteses, uma abstração irrelevante e, na pior, incoerente" (Audi, 1999:855), pois o estar no mundo implica ao mesmo tempo experimentá-lo e interpretá-lo. Uma das raízes desse construtivismo social estaria no idealismo kantiano, ao afirmar que não podemos conhecer as coisas em si mesmas, o mundo só sendo cognoscível pela imposição de categorias *a priori* do pensamento sobre a experiência que, de outra forma, seria rudimentar. Hoje, no lugar dessas categorias *a priori*, construtivistas "acreditam que conceitos relevantes e práticas associadas variam de um grupo ou período histórico [e espaço, poderíamos acrescentar] para outro". (Audi, 1999:855)

Alguns geógrafos considera(ra)m a região e a regionalização sobretudo — ou simplesmente — instrumento analítico ou construto intelectual proposto pelo próprio pesquisador. Neste caso podemos estar tratando de uma leitura mais ampla e maleável de região, em que ela pode adquirir o sentido genérico de recorte ou parcela de espaço cuja coerência ou unidade é dada apenas pelo critério adotado pelo investigador. Em seu extremo, como já abordado ao comentarmos a região de muitos neopositivistas, identifica-se regionalização com classificação ou, mais especificamente, a região se confunde com uma classe de área.

Uma das referências clássicas à região como instrumento de análise, como já foi visto, encontra-se na obra de Richard Hartshorne. Contudo, não podemos, evidentemente, simplificar seus ricos posicionamentos que, igualmente, devem ser contextualizados nas tranformações promovidas ao longo de sua extensa obra. Hartshorne afirma que está preocupado não com a região a partir de um "fato óbvio", mas com a região enquanto "construção intelectual". Ao mesmo tempo, contudo, também não se trata da região como "um produto da investigação" (p. 429). Em sua concepção ideal-racionalista, isso significa que a região é construída por aquilo que, na falta de expressão mais adequada, ele denomina "pensamento filosófico" sobre a Geografia (p. 427).

Hartshorne se refere a autores que o precederam, como Camille Vallaux, já aqui citado. Em *Les Sciences Géographiques*, Vallaux afirma que, "para que a síntese descritiva das regiões" pudesse atender a todas as nossas expectativas, seria necessário que fosse aplicada a toda a superfície terrestre, que as regiões coexistissem sem sobreposição e que os "fatos da Geografia Física e Humana" concordassem plenamente entre si. Como isso está longe de ocorrer, pelo menos para muitas partes do globo, "a síntese regional" não é "nada mais do que um artifício lógico e um método de ensino" ["un artifice logique et un procedé d'enseignement"] (Vallaux, 1929:164). Já nesse momento o geógrafo colocava claramente a opção entre a região como fato, evidência concreta, e a região como artifício, construto, a região ("real") a ser re-conhecida e/ou vivida e a região a ser (intelectualmente) "construída".

Em suma, Hartshorne conclui que "não é possível definir seções da superfície da Terra como regiões que formam unidades na realidade", e "não podemos considerá-las corretamente como objetos individuais concretos" (p. 457). Assim,

> *A região em si mesma, pensamos, não é determinada na natureza ou na realidade. Não podemos esperar "descobri-la" pela investigação, podemos apenas buscar a base ou as bases mais inteligível(is) para determinar seus limites — em geral, para dividir o mundo como um todo em regiões* (p. 460).

O protótipo ou o exemplo mais emblemático dessa abordagem analítico-racionalista foi aquele construído por alguns geógrafos da corrente quantitativa ou neopositivista, como David Grigg, cuja perspectiva já foi aqui tratada (v. subitem "Morte e vida da região numa perspectiva neopositivista"). A região como simples instrumento analítico, independente da "realidade", advém de posições como a de Christaller. Para ele,

> ... *é necessário desenvolver os conceitos imprescindíveis para posterior descrição e análise da realidade, a teoria tendo uma validade independente da realidade concreta, uma validade baseada em sua lógica e coerência interna* (Christaller, apud Mendoza, 1982:108-109).

Daí, como já salientamos, a aversão inicial da Geografia neopositivista a um conceito clássico, empirista objetivo, de região, e sua priorização, muitas vezes, da regionalização como simples classificação de áreas, mero instrumento de análise do pesquisador. Trata-se na verdade de duas perspectivas extremas: aquela em que a região se reduz a um "fato", uma realidade objetiva a ser simplesmente re-conhecida pelo geógrafo, e aquela em que ela se restringe a um mero "artifício" elaborado intelectualmente a partir de critérios muito diversos, propostos pelo pesquisador.

Ao mesmo tempo em que identificamos essa visão de região/regionalização que denominamos analítico-racionalista, típica da lógica formal neopositivista, encontramos também a região como "construto social" em outras perspectivas, especialmente aquela denominada, de modo mais estrito e por isso em sentido muito mais apropriado, "construtivista", que se impôs na segunda metade do século XX, e que tem raízes em distintos pensadores como Jean Piaget e Gaston Bachelard, projetando-se depois para a obra de contemporâneos como Danna Haraway e Bruno Latour.

Perspectivas que sobrevalorizam o campo das interpretações, como a da região pós-estruturalista como "invenção discursiva", já abordada, encontram-se entre as formas mais extremas de (des)construtivismo. Mais à frente, entretanto, a título conclusivo, ao enfocarmos a região como *arte*fato, voltaremos a esse debate a fim de discutir posições mais nuançadas, no sentido de um construtivismo não dicotômico entre campo das ideias e campo da materialidade, ou, em termos epistemológicos, entre racionalismo e empirismo. Visa-se superar leituras duais ou, pelo menos, enfatizar o caráter plural do(s) construtivismo(s).

c. Abordagens normativas: a região como instrumento de ação

Muito explícita na chamada Geografia Ativa, nos anos 60, que buscava conceder um papel mais comprometido e prático, para além das simples análises regionais, essa perspectiva já estava presente em autores clássicos, como Paul Vidal de la Blache, demonstrando a permanente relevância do elo entre teoria e prática, ou melhor, entre campo analítico e campo de intervenção (política). A própria região lablacheana teve vinculações muito fortes com o Estado, e suas regionalizações não só tiveram um sentido de entendimento do "real", mas também serviram como instrumento de avaliação e desdobramento da base territorial da política vigente (Mercier, 1995).

Trata-se aí de uma noção mais normativa de região não tanto — ou não apenas — preocupada em reconhecer "o que é" efetivamente a região enquanto realidade empírica ou em desdobrá-la e avaliá-la enquanto instrumento analítico, mas em propor ações efetivas, caminhos, "indicar um futuro" ou um devir (delineando novas conexões) das configurações regionais, de modo a adequá-las a determinados propósitos político-econômicos, vinculando-se, portanto, de alguma forma, também, ao chamado planejamento regional. Embora os cruzamentos sejam múltiplos, é interessante, em alguns casos, distinguir a regionalização que é feita primordialmente com propósitos acadêmicos, a fim de analisar/compreender um determinado processo social, e que pode ou não, posteriormente, ser incorporada num projeto político, e aquela que, de antemão, é proposta para uma intervenção política ou de planejamento, com todas as suas limitações e implicações.

Alguns autores alega(ra)m que a Geografia Regional como um todo seria "aplicada", frente ao caráter mais "puro" ou teórico do conhecimento efetuado pela chamada Geografia Geral ou sistemática. Esse debate envolve aquele levantado por autores como Schaefer, ainda nos anos 50, entre "ciência pura" (que seria preferível substituir por "conhecimento puro") e "ciência prática" ("conhecimento prático") que, para ele, é um falso dilema. Toda ciência "aplicada" é também e simplesmente "ciência", a partir de seus grandes pressupostos (que Schaefer, em seu ardor cientificista, denomina sempre "leis"), e, nesse sentido, o papel que alguns geógrafos propõem para a Geografia Regional como "ciência aplicada" é falso:

> *Existe apenas ciência e ciência aplicada. Qualquer distinção que existir será de ordem prática, uma questão de interesse ou de ênfase (p. 27) (...) é necessário prevenir-se do seguinte silogismo: a ciência aplicada constitui o âmago da ciência; a geografia regional constitui o âmago da geografia* (Schaefer, 1977:28).

De qualquer modo, conceber regiões/regionalizações visando à intervenção política, buscando uma mudança regional em termos de descentralização política, redução das desigualdades socioeconômicas ou resolução de questões ambientais e de discriminação politico-cultural, implica não apenas conhecer "o que é" a região ou "como" "vem a ser o que é", através da ação (e, por que não, também da "percepção") de seus próprios habitantes, e dominar os instrumentais teórico-metodológicos que permitem identificar "recortes" ou "parcelas" regionais, mas também estar consciente dos constrangimentos e dos requisitos específicos a que está sujeita a ação prático-política. Assim, quando realizamos uma regionalização com vistas a determinados propósitos de intervenção, somos forçados a fazer concessões e a utilizar um instrumental próprio ou pelo menos adequado ou adaptado ao tipo de ação/resultado que nosso projeto ("plano") pretende alcançar — e ao qual estamos, de alguma forma, também, sujeitados.

Esse relativo *gap* entre nossas propostas conceituais e os requisitos da prática política, notadamente aquela vinculada ao chamado planejamento regional, exigindo assim várias concessões teórico-metodológicas, ficou bastante evidente, por exemplo, quando de nosso trabalho de regionalização da faixa de fronteira brasileira, realizado juntamente com o Grupo Retis, dirigido pela geógrafa Lia Machado (Universidade Federal do Rio de Janeiro), e vinculado ao Ministério da Integração Nacional (Brasil. Ministério da Integração Nacional, 2005). Os requisitos do próprio planejamento estatal já colocavam, *a priori*, alguns limites a nossa proposição conceitual (por exemplo, dois "vetores" a serem priorizados: o econômico — sem focalizar seus circuitos ilegais — e o cultural). Por outro lado, trata-se sempre de um caminho de mão dupla: ao mesmo tempo em que pode nos constranger teoricamente, constitui experiência muito rica justamente porque pode apontar limitações de nossas muitas vezes demasiado pretensiosas e/ou abstratas investidas teórico-conceituais.

Fica claro, entretanto, que não se trata de confundir o papel acadêmico do geógrafo com o papel administrador/gestor do político. Como já alertava Pierre George em relação à diferença entre uma Geografia ativa e uma Geografia aplicada:

> *(...) é muito importante separar a missão de uma geografia ativa, que é trabalho científico, de uma geografia aplicada, ou mais exatamente de uma aplicação dos dados fornecidos pela geografia, que é tarefa de administradores sensíveis por essência e por obrigação a outras considerações e a outras*

pressões, que as que decorrem da pesquisa científica (George, 1975:36).

É interessante fazer referência também a uma abordagem externa — mas de modo algum alheia — ao debate geográfico que, por volta da mesma época ou um pouco antes, era travado sobretudo entre os economistas, relativa ao mesmo dilema entre "ciência" ("pura" ou de âmbito mais estritamente acadêmico) e "ciência aplicada". A partir da proposição de uma "ciência regional" por Walter Isard (1956), por volta dos anos 50-60, estabeleceu-se importante interlocução com trabalhos como os de Walter Christaller e August Losch, entre outros, e muitos geógrafos neopositivistas abraçaram essa perspectiva dentro da Geografia como "ciência espacial", voltada também para o planejamento regional, via regiões funcionais ou polarizadas. Segundo Di Méo, transitando entre os métodos da econometria espacial e da sociologia dos atores, a ciência regional estuda:

> *... tanto a localização das atividades, a interação entre os lugares quanto a planificação regional, os efeitos de redes e escalas, a estruturação do espaço (em particular pelas infraestruturas de transporte e pelas cidades) e a medida das disparidades econômicas no espaço, notadamente as desigualdades regionais. Ela se dedica à avaliação dos projetos de desenvolvimento e à economia do meio ambiente (...) oferece, enfim, um* corpus *teórico-metodológico para o ordenamento* [aménagement] *territorial e o desenvolvimento regional* (Di Méo in: Lévy e Lussault, 2003:778, tradução livre).

Embora tenha perdido terreno em décadas posteriores, a "ciência regional" representa um marco no que estamos identificando aqui como o "caráter normativo" da região ou a região como instrumento de ação, implicada antes de tudo com um sentido político-pragmático. Segundo Benko (2009), entretanto, está ocorrendo hoje uma retomada da ciência regional, especialmente no contexto europeu, em que as políticas de regionalização estão um pouco por todo canto. O recente revigorar, na própria Geografia, de uma concepção econômica de região, ao longo dos anos 90, mostrou reapropriação paralela de elementos regionais no planejamento sob a forma de políticas específicas, como aquelas que acreditavam na "exportação" e reprodutibilidade de padrões como o da Terceira Itália ou do Vale do Silício e da noção de *clusters* (ou, em termos semelhantes, de "arranjos produtivos" locais/regionais)[51].

Finalmente, é importante registrar que este caráter "normativo" da região ou, se preferirmos, de forma mais ampla, a preocupação da região enquanto *devir*, delineamento de novas articulações regionais possíveis (no caso, não de quaisquer articulações, mas daquelas politicamente desejáveis) não se restringe aos mecanismos de Estado. Ele pode ser estendido, também, aos diferentes grupos sociais que, como muitos grupos subalternos, hoje, na América Latina, vêm tentando redesenhar o espaço, "regionalizando-o" de outra forma, de modo a subverter a antiga ordem tanto no sentido das diferenças em sentido estrito, com o reconhecimento e a convivência de distintos grupos e territórios (e/ou regiões) culturais, quanto das desigualdades, instituindo, através da própria reconfiguração do Estado, novos mecanismos, ao mesmo tempo, de reconhecimento e de redistribuição.

Evidentemente, como já destacamos, este caráter normativo-político da região não exclui os outros dois, mas, a partir deles, elabora uma outra perspectiva que, dependendo das circunstâncias, também precisa ser interpretada em sua especificidade. Esta

---

51 Nesse sentido, para uma análise crítica no caso da política regional inglesa e suas "estratégias econômicas regionais", ver Painter, 2005.

"região instrumento de ação" está intimamente ligada à segunda, uma região de alguma forma imaginada ou mesmo "idealizada", neste caso com uma finalidade muito especial, já que envolve a intervenção concreta, ou seja, um dos pressupostos da primeira abordagem: a região enquanto efetivamente "feita" pelos sujeitos sociais (no caso, pela intervenção do Estado).

2

Por uma Outra Regionalização: A Região como *Arte*fato

À guisa de encaminhamento para algumas reflexões propositivas, muito mais no sentido de abertura para novas questões e aprofundamentos futuros do que enquanto uma proposta bem acabada, pretendemos esboçar alguns caminhos ou perspectivas na direção de uma nova abordagem para os processos de regionalização e, em parte, para a própria análise regional, a título indicativo e a partir, também, da retomada de algumas considerações já formuladas. Encaminhamo-nos, sobretudo, para o entendimento da região não simplesmente como um "fato" (concreto), um "artifício" (teórico) ou um instrumento de ação, mas da região como um "*arte*fato", tomada na imbricação entre fato e artifício e, de certo modo, também, enquanto ferramenta política.

A região vista como *arte*fato é concebida no sentido de romper com a dualidade que muitos advogam entre posturas mais estritamente realistas e idealistas, "construto" ao mesmo tempo de natureza ideal-simbólica (seja no sentido de uma construção teórica, enquanto representação do espaço, seja de uma construção identitária a partir do espaço vivido) e material-funcional (nas práticas econômico-políticas com que os grupos ou classes sociais constroem seu espaço de forma desigual/diferenciada). "Arte-fato" (com hífen) também permite indicar que o regional é abordado ao mesmo tempo como criação, autofazer-se ("arte") e como construção já produzida e articulada ("fato").

Assim, sintetizando, a partir da discussão da região como *arte*fato (ou arte-fato, hifenizado), nossa proposta irá pautar-se em algumas questões fundamentais, como:

— a região como produto-produtora dos processos de diferenciação espacial, tanto no sentido das diferenças de grau quanto das diferenças de tipo ou de natureza, tanto das diferenças discretas quanto das diferenças contínuas;

— a região como produto-produtora das dinâmicas concomitantes de globalização e fragmentação, em suas distintas combinações e intensidades, o que significa trabalhar a extensão e a força das principais redes de coesão ou, como preferimos, de articulação regional, o que implica identificar também, por outro lado, o nível de desarticulação e/ou de fragmentação de espaços dentro do espaço regional em sentido mais amplo;

— a região construída através da atuação de diferentes sujeitos sociais (basicamente o Estado, as empresas, outras instituições de poder e os distintos grupos socioculturais e classes econômico-políticas) em suas lógicas espaciais zonal e reticular, acrescentando-se ainda a "i-lógica" dos aglomerados resultante principalmente de processos de exclusão e precarização socioespacial (Haesbaert, 2004a e 2004b), cuja consideração é hoje, cada vez mais, imprescindível.

2.1. Nem apenas "fato", nem simples "artifício": a região como arte-fato

A palavra "arte" vem do latim *ars*, que significa talento, saber fazer, e que inicialmente estava associada à técnica, ou seja, ao que é do domínio humano, social, ao *art*ificial. "Artefato", mais literalmente, significa "o que é feito com arte", um produto da cultura. Embora diga respeito, em primeiro lugar, a um "objeto manufaturado, peça" (*Novo Aurélio*), "aparelhagem, equipamento" (*Dicionário Houaiss de Sinônimos e Antônimos*), numa perspectiva material, pode ser lido também, mais abstratamente, como "mecanismo, dispositivo", ou seja, encontra-se no cruzamento entre a concretude de um "fato" e a abstração de um "artifício" ou instrumento de análise, como já abordamos[1].

Moore (2008), analogamente ao que propomos aqui para a região, começa sua discussão sobre escala a partir de duas leituras com que comumente ela é tratada: a escala como entidade socioespacial material (como ocorre entre muitos geógrafos marxistas, que ele denomina "econômico-políticos"), correspondente a processos materiais reais, e a escala como construção epistemológica, representação ou construção discursiva (mas que, obviamente, pode ter profundos efeitos materiais). As críticas tanto a essa visão "substancialista" e reificadora da escala quanto a sua concepção como mero recurso analítico escondem, segundo Moore, um problema mais fundamental, aquele que envolve a (in)distinção entre escala — e também, por extensão aqui proposta, região

[1] Nesse sentido, "artefato" se aproxima também da concepção foucaultiana de "dispositivo" que, no resumo proposto por Agamben (2007), é visto como um conjunto heterogêneo de elementos materiais e imateriais, discursivos e não discursivos, reunidos/articulados em rede (de algum modo, uma "região"), com função fundamentalmente estratégica, concreta, e que, assim, resulta da interseção entre relações de saber e de poder. Valter do Carmo Cruz, em trabalho ainda inédito, faz interessante analogia entre "dispositivo" numa leitura deleuze-foucaultiana e o papel dos conceitos, mais especificamente em relação ao conceito de território.

— como categoria de análise e como categoria da prática. Assim, com base em Bourdieu, o autor propõe trabalhar com essa distinção entre "categorias da prática" e "categorias de análise", as primeiras relativas à experiência cotidiana de atores ordinários, as segundas, distantes da experiência, ligadas a seu uso pelos cientistas sociais.

Muitas vezes são justamente as categorias mais impregnadas no senso comum que acabam sendo também as mais reificadas, as mais a-criticamente utilizadas pelos cientistas sociais. Por outro lado, sob a alegação de que determinados conceitos, como escala e região, "não servem" como instrumentos heurísticos, frequentemente se ignora toda a sua importância através do uso na vida comum (quando não nas próprias práticas políticas) e seus inúmeros efeitos materiais nas práticas cotidianas. O menosprezo "científico" ou do saber dominante, "qualificado", pelos saberes subalternos, "dominados", acaba por desqualificar e mesmo ignorar formas de conhecimento amplamente difundidas através de "categorias da prática" — entre as quais, sem dúvida, encontram-se região e regionalismo.

Muitas concepções operam, portanto, nas duas categorizações. O problema é que, como no caso de região, são categorias — ou conceitos — que se encontram de tal forma impregnadas no senso comum, que muitos cientistas sociais acabam abandonando-as como categorias de análise ou, ao contrário, acabam por essencializá-las, confundindo completamente região como categoria de análise e como categoria da prática. Embora Moore (2008) ilustre seu debate com outras duas categorias muito difundidas — nação e nacionalismo —, o raciocínio se aproxima muito daquele que faz referência, aqui, a região e regionalismo.

Fica claro que é possível evidenciar aí o caráter, na falta de termo melhor, "construtivista" de nossos conceitos, mas em hipótese alguma dentro de um construtivismo moldado apenas em torno da figura do sujeito e de suas construções ideais — trata-se de um construtivismo não idealista que envolve uma construção ao mesmo tempo mentalmente focada e concretamente sustentada. "Construção" que, no nosso entendimento, em hipótese alguma é fruto apenas da ação antropocêntrica da produção intelectual, mas se insere num mundo material que, ao mesmo tempo que é constantemente reconstruído e/ou reapropriado socialmente, também constrói a si mesmo. Daí, por exemplo, a indefectível aliança entre as dinâmicas de produção e interpretação dos mundos "humano" e "não humano", tão discutida em nossos dias.

O geógrafo Michel Lussault (2003) distingue no construtivismo uma vertente mais epistemológica e outra, digamos, mais ontológica, concernente ao estatuto daquilo que os construtos cognitivos abarcam. O sujeito do conhecimento, sob esse ponto de vista construtivista, não reflete uma realidade "objetiva", mas a constrói ao mesmo tempo que é construído por ela, opondo-se assim ao positivismo realista que vê no pensamento um "duplo" ou reflexo da realidade objetiva. Segundo Gustavo Castañon, focalizando as múltiplas vertentes e os múltiplos usos do termo "construtivismo", desde sua origem na perspectiva piagetiana,

> *Todo construtivismo é antiobjetivista. Porém, ele pode assumir a tradição realista da filosofia ocidental, como nos casos do cognitivismo, do construtivismo piagetiano e do construtivismo realista do realismo crítico — ou assumir uma face idealista, que nega qualquer acesso a uma possível realidade externa às construções mentais ou linguísticas, como nos casos do construtivismo radical e do construcionismo social. É o que coloca Held (1998) quando observa que os construcionistas sociais presumem que um processo ativo de conhecimento por parte do sujeito, implícito no próprio termo "construcionismo", necessita de uma ontologia antirrealista para se sustentar. Discordando desta posição, ela lembra que a própria epistemologia genética de Piaget é uma forma de construcionismo que se baseia numa ontologia realista, ao mesmo tempo em que defende a possibilidade de acesso racio-*

nal do sujeito a uma realidade objetiva e independente (Castañon: 2005:6-7).

Assim, o próprio mundo físico, para o construtivista, não é um dado, está permanentemente por ser construído, reinventado, em constante emergência ou devir. Mais do que "duplos", os modelos de nossa cognição são "representações circunstanciais" dessa realidade (Lussault, 2003:200). O "construído" não precisa, portanto, ficar reduzido ao campo do conhecimento, pois os próprios fenômenos compõem esta "realidade construtivista", na qual não somente o humano e seu intelecto re-constroem o mundo como a própria dimensão "não humana" de alguma forma participa como "act(u)ante" (para utilizar um termo cunhado por Bruno Latour) nesse processo. O espaço, nesse sentido, abordado de modo relacional, longe de aparecer como um palco ou um "teatro", torna-se parte integrante e indissociável das próprias relações sociais, constituinte inerente à condição do humano e do social.

Bruno Latour é um dos autores que trabalham com um construtivismo nuançado, ao mesmo tempo realista e relativista; na verdade ele tenta romper a dicotomia simples entre realismo e construtivismo. Latour questiona radicalmente o dualismo moderno que considera a existência de um "mundo exterior", separado. Na leitura de Michel Lussault, estaríamos imersos entre

> ... *coletivos de humanos e não humanos, de construtos momentaneamente estabilizados, no seio dos quais a ciência é um instrumento, justamente, de estabilização. O conhecimento não revela uma realidade preexistente, ele permite que as coisas "se mantenham juntas" num contexto dado, e é esse ajustamento e essa estabilização construída, esse artifício, que os atores consideram verdadeiro* (Lussault, 2003:202).

Não se trata, contudo, de "artifício" simplesmente no sentido que aqui utilizamos, há pouco, para caracterizar uma determinada leitura da região e da regionalização. Em um interessante ensaio, Latour (2002) elabora toda uma crítica ao antifetichismo da modernidade que, contraditoriamente, cria seu próprio culto dos "fe(i)tiches". Ele parte da ambiguidade da expressão "fetiche" em língua portuguesa, que tem sua origem ligada a "feitiço", por sua vez proveniente de "feito" — "forma, figura, configuração, mas também artificial, fabricado, factício e, por fim, fascinado, encantado" (2002:16). Analisando expressões de Pasteur sobre sua atividade laboratorial e científica, afirma que, para ele, "construtivismo e realismo" acabam por ser termos sinônimos. "Os fatos são fatos, sabemos desde Bachelard, mas o pensamento crítico nos prepara para ver nesta etimologia ambígua, o fetichismo do objeto".

Segundo Maia (s/d), a grande questão colocada por Latour (ou Latour-Callon, como ele prefere) é "escapar dos arroubos relativistas sem recair na antiga tradição da objetividade que emerge das coisas em si, dos fatos da natureza, dos eventos que compõem a realidade do mundo". Assim,

> *Seu alvo é desfazer-se tanto do construtivismo sociológico como do linguístico, advogando algum "neorrealismo" que dê às práticas científicas o direito de estarem falando sobre o mundo, mas que simultaneamente também o construam. Assim, a realidade persiste como construção societária, mas é igualmente um agente ativo (sic), com alguma autonomia dos sujeitos. A orientação Callon-Latour resgatou o compromisso com um realismo redesenhado que salta do mero realismo cientificista e incorpora matizes construtivistas* (p. 7).

No que concerne à região, como vimos no item "A região como fato e como artifício", não podemos concebê-la através de um simples recorte empírico, como uma espécie de "categoria do real" (como se a própria Geografia pudesse ser reduzida a uma ciência empírica, definida por um objeto concreto), nem por uma simples forma de interpretação, por um método, como mera "categoria de análise". Devemos reconhecer que todo método, enquanto "mediação", ou seja, como "meio-ação" (tanto "meio para a ação" quanto "meio/contexto *e* ação"), é não apenas uma forma de interpretar, mas também de criar, e que fato e interpretação, ao contrário da máxima nietzscheana segundo a qual "não há fatos, somente interpretações", não devem ser dissociados.

Como o homem é um ser reflexivo, ele re-age tanto sobre/com os objetos (compondo assim "práticas espaciais" ou um "espaço percebido" e "espaços de representação" ou um "espaço vivido", nos termos de Lefebvre [1986]) quanto sobre/com as próprias ideias a respeito desses objetos (as "representações do espaço" ou o "espaço concebido"). Desse modo, diz Agnew, o "comportamento humano não pode ser reduzido a um ou a outro, mas constituído pelos dois". Obviamente, então, "regiões refletem tanto diferenças no mundo quanto ideias sobre diferenças" (1999:92). Ou, nas palavras de Bourdieu (1989), a região encontra-se no âmago de uma retroalimentação permanente entre representações da realidade ("divisões da realidade") e realidade das representações ("realidade das divisões").[2]

É tão perigoso reduzir regionalizações a meras construções intelectuais quanto a práticas concretas, explicitamente políticas, por exemplo (que, entretanto, as regiões também envolvem). Essas regionalizações "jogam com fatos sobre o mundo ao mesmo tempo

---

[2] "De facto, não há que escolher entre a arbitragem objectivista, que mede as *representações* (em todos os sentidos do termo) pela 'realidade', esquecendo que elas podem acontecer na realidade, pela eficácia própria da *evocação,* o que elas representam, e o empenhamento subjectivista que, privilegiando a representação, confirma no terreno da ciência a falsificação na escrita sociológica pela qual os militantes passam da representação da realidade à realidade da representação". (Bourdieu, 1989:118)

em que refletem as tendências, intelectuais e políticas, de seus formuladores" (Agnew, 1999:95). Dessa forma, qualquer análise regional que se pretenda consistente (e que supere a leitura da região como genérica categoria analítica, "da mente") deve levar em conta tanto o campo da produção material quanto o das representações e símbolos, ideais, tanto a dimensão da funcionalidade (político-econômica, desdobrada por sua vez sobre uma base material-"natural") quanto do vivido (simbólico-cultural, mais subjetivo) — em outras palavras, como voltaremos a destacar mais à frente, tanto a coesão ou lógica funcional quanto a coesão simbólica, em suas múltiplas formas de construção e des-articulação — em que, é claro, dependendo do contexto, uma delas pode acabar se impondo sobre — e refazendo — a outra.

As abordagens funcionalistas de região acabavam negligenciando, às vezes de forma radical, a dimensão específica do vivido. Como afirma Entrikin (1991) para o conceito de lugar, "caracterizar lugares como todos funcionais ou como sistemas regionais tem uma utilidade clara no planejamento de atividades ou na vida cotidiana, quando vemos o lugar como algo que nos é exterior e como algo a ser manipulado para fins particulares". Essa concepção funcional de lugar e região (região como "sistema" regional) "é, contudo, um construto intelectual que abstrai as qualidades contextuais específicas que proporcionam sua significância existencial" (p. 131). Desse modo, outros autores deram ênfase também à dimensão do espaço vivido (Frémont, 1976) e às identidades territoriais na produção da diversidade geográfica regional.

No que se refere a essa imbricação indissociável de dimensões funcionais e simbólicas temos, no âmbito geográfico anglo-saxônico, além das posições já destacadas de autores como Allen, Massey e Cochrane (1998) e Agnew (1999, 2000, 2001), proposições como as do geógrafo finlandês Anssi Paasi, em seus vários trabalhos sobre região (Paasi, 1986, 1991, 2002a e 2002b). Em sua abordagem dos anos 80, ainda se percebe a influência da teoria da estruturação de Anthony Giddens (Paasi, 1986). Ele parte de duas grandes perspectivas do conceito de região que lembram um pouco a distinção aqui trabalhada de região como categoria de análise e como categoria do "real", da prática: uma, ligada à perspectiva da região como "classe de área", instrumento de análise do pesquisador; outra, relativa à abordagem da região como "comunidade de habitantes", a partir do próprio espaço vivido.

Paasi se refere a Whittlesey, para quem, ainda nos anos 50, a "psicologia é um elemento do complexo regional" (Whittlesey, apud Paasi, 1986:118), no compartilhamento de um conjunto de valores culturais comuns ou, em outras palavras, na construção de uma espécie de "consciência regional". Podemos dizer que, aqui, em uma determinada perspectiva, também se trata da região como "arte-fato", na imbricação fato-artifício — "artifício" não no caráter mais estritamente epistemológico antes enfatizado, mas sim no sentido ontológico (em que é impossível distinguir artifício e fato) de uma "comunidade imaginada" (nos mesmos termos de Anderson [1989] para a nação), "ilusão" performante, concebida muito mais em sua eficácia (de coesão simbólica, poderíamos dizer) do que em sua "verdade".

Ainda que seja percebida como "ilusória" ou "mítica", Paasi nos alerta que a consciência regional deve ser abordada a partir de algumas questões fundamentais, mais objetivas, como as que dizem respeito aos mecanismos que constroem, ao longo da história, esse "sentimento de 'estar junto' [*togetherness*] entre os habitantes de uma região". Para ele, pode tratar-se mais "da questão de uma *identidade escrita* representada na esfera institucional (por ex., nos *mass media*) como uma expressão de controle social e, portanto, de poder" (Paasi, 1986:119). O autor se questiona a respeito das forças e instituições responsáveis por esse tipo de "sentimento de comunidade" tão amplo, como ele se relaciona com outras identidades ainda mais amplas (como a identidade nacional), como emerge e quais são suas consequências práticas.

Ao contrário da abordagem discursiva de Albuquerque Júnior, já comentada, Paasi trabalha com uma concepção mais propriamente "geográfica", poderíamos dizer, de identidade regional, ao mesmo tempo "subjetiva" e "objetiva" (Paasi, 1986:136). "Subjetiva" porque se refere a imagens regionais tanto formuladas a partir de dentro, por seus próprios habitantes, quanto de fora, de forma "contrastiva" com/pelos habitantes de outras regiões; e "objetiva" porque referida a classificações regionais baseadas em diferenciações ambientais, paisagísticas, culturais, etc. Mais recentemente, Paasi (1991, 2002b) se refere a uma "identidade ideal" e uma "identidade factual", distinguindo analiticamente a "identidade da região" da "identidade regional". Embora se trate de uma distinção de caráter analítico, epistemológico, ela também diz respeito ao caráter ontológico ou da "existência" regional em seus sentidos ideal e material.

A "identidade de uma região" se refere "às características de natureza, cultura e dos habitantes que distinguem ou, de fato, podem ser *usadas* nos discursos da ciência, da política, do ativismo cultural ou da economia para distinguir a região das demais", através de classificações que excluem determinados elementos e incluem outros, expressando assim "o poder de delimitar, nomear e simbolizar o espaço e grupos de pessoas" (Paasi, 2002b:140). Por outro lado, a "identidade" ou "consciência regional" envolve a identificação dos habitantes com sua região, tanto dentro quanto fora dela. Participam de sua construção ativistas sociais, instituições e organizações, etc.

Agnew, ao focalizar sua reflexão sobre o Norte italiano — a região da Padânia, praticamente fundada pelo movimento direitista da Liga Norte —, e Allen, Massey e Cochrane, ao estudarem a "invenção" do Sul da Inglaterra sob o governo Thatcher, colocam questões muito próximas: não há, hoje, como analisar a região sem considerar sua dupla filiação, no campo material das coesões — e redes — funcionais, produzida fundamentalmente por sujeitos hegemônicos, com ação de longo alcance, como o Estado e as grandes corporações, e no campo ideal do que aqui propomos denominar coesões simbólicas, produzidas num jogo de tendências mais complexas, com participação também, em maior ou menor grau, dos grupos subalternos, em suas diversas formas de articulação, entre si e com os chamados poderes instituídos.

É claro que não se trata aqui de nenhuma "receita de bolo" a ser aplicada indiscriminadamente a qualquer espaço. A força "coesiva" do elo funcional-simbólico, por exemplo, pode estar muito mais presente em alguns espaços — como os acima descritos (ainda que, no caso, muito mais no âmbito "idealizado" por determinados grupos e políticas regionais, como as da Liga Norte italiana e do governo de Margaret Thatcher). No caso brasileiro, considerando as devidas especificidades, essa abordagem também tem sua validade, embora mais restrita a espaços como o nordestino e o gaúcho. Foi nessa perspectiva que propusemos, em análise da Campanha Gaúcha, ainda nos anos 80, o conceito de região como

> *(...) um espaço (não institucionalizado como Estado-nação) de identidade cultural e representatividade política, articulado em função de interesses específicos, geralmente econômicos, por uma fração ou bloco regional de classe que nele reconhece sua base territorial de reprodução* (Haesbaert, 1988:25).

Nesses casos trata-se de centrar a coesão — ou, como preferimos, articulação — regional na imbricação relativamente clara de múltiplas dimensões do espaço: política, cultural e econômica (no caso da Campanha Gaúcha, pelo menos num determinado contexto histórico, também a própria dimensão "natural"). Nesse sentido, podemos falar de região como arte-fato enquanto envolvida em dinâmicas sociais efetivas que, aliás, reelaboram, na prática, as categorias região e regionalismo. No caso do Rio Grande do Sul a denominação "regionalismo gaúcho", por exemplo, encontra-se bastante disseminada nas práticas dos mais diferentes grupos sociais, podendo indicar ao mesmo tempo um movimento político e uma identidade regional. Talvez esse pudesse ser tomado como um "caso prototípico" de articulação regional, a partir do qual outras dinâmicas de articulação regional, mais ou menos densas, iriam sendo desenhadas.

Esses exemplos revelam, assim, processos sociais complexos em que, de alguma forma, temos a conjugação de múltiplas dimensões do espaço. Eles podem ser vistos como uma das "pontas" de um amplo *continuum* de construção daquilo que propomos denominar *articulação regional*. Nesse caso, a articulação se dá entre diferentes esferas sociais, a ponto de manifestar uma coesão que é ao mesmo tempo de caráter funcional, econômico-político e simbólico-cultural. No outro extremo desse *continuum* temos articulações muito mais simples, que se manifestam, por exemplo, em caráter meramente funcional — nesse caso, muitas vezes, a regionalização pode confundir-se com uma simples classificação de áreas a partir de um ou de poucos elementos ou critérios definidos pelo pesquisador em função dessas articulações mais simples.

Para não ficarmos reduzidos a uma "classificação" genérica, propomos manter o termo "região", em sentido mais estrito, para esses espaços-momento que resultam efetivamente em uma articulação espacial consistente (ainda que mutável), complexa, seja esta de dominância econômica, política e/ou cultural. Nesse caso cabe sempre discutir a força espacial/regional, ao mesmo tempo articuladora e desarticuladora, a partir dos sujeitos e interesses políticos envolvidos. Uma das novas questões mais relevantes, hoje, pela força de sua evidência (e que por isso voltaremos a focalizar mais à frente), é que "articulações" regionais do espaço podem manifestar-se não apenas na tradicional forma zonal, geralmente contínua, mas também em redes, inseridas numa lógica descontínua de articulação reticular[3].

---

[3] Em Haesbaert, 2004, discutimos a relação entre essa (relativamente) nova condição de descontinuidade e o fenômeno, fundamental, da compressão espaço-tempo. É claro que descontinuidade e distância, tal como continuidade e proximidade, não implicam, obrigatoriamente, conexão ou desconexão.

Nesse percurso entre realidade efetiva, material e imaterial, e recurso analítico, a região deve ser vista incorporando a multiplicidade e a complexidade de processos que marcam os arranjos espaciais contemporâneos, especialmente, como veremos a partir de agora, as dinâmicas de diferenciação, coesão/(des)articulação, fragmentação/exclusão e mobilidade e fixação.

Em sentido amplo podemos afirmar então que toda regionalização envolve, para utilizar a expressão de Smith (1988), um "compromisso geográfico" entre:

— des-equalização e diferenciação em sentido mais estrito (ou melhor, entre diferenças de grau e diferenças de natureza);
— homogeneização (sempre relativa) e coesão (funcional e/ou simbólica) e, em termos espaciais, entre uma lógica zonal e uma lógica reticular.
— articulação e desarticulação, isto é, entre espaços mais "logicamente" ordenados/articulados e espaços sem uma lógica clara de ordenamento (os "aglomerados"), pautados por algum tipo de processo social excludente.

2.2. Das características elementares da regionalização ao esboço de uma nova proposta para a análise regional

É importante que retomemos agora, sintética e, de algum modo, também propositivamente, os elementos que deram consistência e, assim, de certa forma, "sobrevida" ao conceito de região ao longo do tempo, para posterior questionamento de até que ponto eles ainda permanecem e como poderiam ser retrabalhados diante do emaranhado de novas interpretações sobre a questão regional, especialmente frente à complexidade dos processos de globalização-fragmentação em curso.

Na abordagem de alguns autores fundamentais da Geografia Regional (mais especificamente Vidal de La Blache, Carl Sauer e

Richard Hartshorne), feita no item "Região: dos primórdios ao período hegemônico" (especialmente nas páginas 32-33), identificamos pontos comuns no tratamento que eles dispensavam ao conceito de região e que cabe, constantemente, reavaliar. Afinal, enquanto estudos clássicos, eles podem pautar o debate mais geral sobre região e regionalização e servir de referência ao nosso questionamento sobre a relevância de, ainda hoje, continuarmos recorrendo à região como instrumento conceitual consistente.

Em síntese, esses elementos comuns foram reconhecidos como:

a) a especificidade ou singularidade regional, que envolve a questão mais ampla da "diferença", da regionalização como processo de diferenciação espacial;
b) o caráter regional integrador — que preferimos agora denominar "articulador", que percebe a região, muito mais do que a partir de critérios de homogeneidade e continuidade, por critérios de coesão ou, para sermos mais precisos, de "articulação" e des-continuidade promovida por dinâmicas/sujeitos sociais na imbricação diferenciada de múltiplas dimensões do espaço geográfico;
c) o jogo entre a relativa estabilidade ou "fixidez" e a mobilidade ou "fluidez" da região;
d) a correspondência entre região e "mesoescala", especialmente aquela imediatamente colocada frente ao Estado-nação (infranacional e supralocal).

É interessante observar que mesmo as concepções mais tradicionais de região, incorporando de alguma forma o conjunto dessas propriedades, como a famosa região dita "lablacheana" ou das relações homem-meio, não desapareceram por completo. Vimos que conceitos como o de biorregião, ainda que com toda a sua especificidade, retomam como base da articulação dos contextos regionais a relação sociedade-natureza — enfoque este que, mesmo sem ser aprofundado aqui, reconhecemos como um dos de maior potencial para desdobramentos futuros.

Em perspectiva um pouco mais longa, que remonta aos anos 80, talvez o caso mais surpreendente entre os autores envolvidos com um *revival* de uma conceituação mais tradicional de região seja o de Ann Markusen, através de suas idas e vindas conceituais. De início recusando-se a utilizar o conceito, como já vimos (reconhecendo, em perspectiva marxista, apenas a pertinência de "regionalismo"), ela propõe, posteriormente, entender a região como um espaço contíguo, produto histórico dotado de uma base físico-natural, um ambiente socioeconômico, político e cultural, diferenciado em relação a outras "unidades territoriais básicas" na escala do urbano e do nacional. Em suas próprias palavras, a região seria definida como:

> *(...) uma sociedade territorial contígua, historicamente produzida, que possui um ambiente físico, um* milieu *socioeconômico, político e cultural distinto de outras regiões e em relação a outras sociedades territoriais básicas, a cidade e a nação* (Markusen, 1987:16-17; tradução livre).

O mais surpreendente é que a autora, marxista, traduz nessa conceituação uma das propostas mais tradicionais de região, corroborando praticamente todos aqueles elementos tidos como mais apropriados numa leitura da Geografia Regional clássica. Aparece claramente, aqui, a ideia de contiguidade, a ideia de que a região é um produto histórico (único ponto em que poderia ser alegada uma influência materialista histórica mais explícita), síntese de múltiplas dimensões do espaço (físico-natural, socioeconômica, política e cultural) e dotada de certa singularidade (*milieu* distinto), numa mesoescala (entre a cidade e o Estado-nação).

A famosa "síntese" regional estava vinculada ao reconhecimento de uma singularidade coerente (implicando, mais do que a uniformidade, a unidade regional) capaz de delimitar uma parcela do espaço geográfico, preferencialmente contínua e relativamente estável, bem delimitada. Na prática, se Vidal de la Blache, pelo menos em uma determinada fase de sua obra, teria sido o autor de maior sucesso nesta empreitada "integradora", variável conforme o contexto geográfico em causa, a maioria dos geógrafos acabou destacando, de forma genérica e *a priori*, uma dimensão do espaço: seja a dimensão natural, a partir da Geologia, em boa parte das regionalizações do século XIX, a dimensão econômico-urbana, nas regiões funcionais, ou a dimensão política, através do vínculo mais recentemente enfatizado entre região e regionalismo.

Na busca do(s) elemento(s) integrador(es), principal(is) responsável(is) pela "síntese" ou, de forma mais coerente, pela integração, unidade e/ou coesão — ou ainda, como preferimos aqui, articulação regional —, os geógrafos, especialmente "discípulos" altamente simplificadores de Vidal de la Blache, muitas vezes caíram na esquematização generalista de um método pretensamente complexo, que tornou a análise (nunca efetivamente atingindo a "síntese") regional um mero acúmulo de "gavetas", em que se sucediam elementos como relevo, clima, população, economia, etc.

Na maioria das vezes em que foi reelaborado, especialmente em perspectivas estruturalistas, o conceito de região, ao contrário de um amálgama de dimensões, singular para cada espaço regional, buscava priorizar uma dessas dimensões ou conjunto de relações (econômicas, por exemplo, no caso da região funcional e da região como produto da divisão territorial do trabalho), entendendo essa dimensão ou seus constituintes como "estruturantes" universais, por responderem melhor pela organização espacial da região, ou seja, como os principais responsáveis pelos fundamentos, seja da relativa homogeneidade — na concepção de região homogênea —, seja da coesão regional — no caso da região funcional.

Voltando à proposta de Ann Markusen, trata-se também de um conceito moldado ainda de forma a priorizar a integração ou síntese das múltiplas dimensões do espaço através de uma lógica zonal de constituição de regiões, em plenos anos 80, quando os processos de globalização já davam claros indícios de que a lógica reticular, ou de fluxos e redes, e as descontinuidades ou a fragmentação dos espaços estavam se impondo com muita força. Não é difícil perceber, entretanto, que, muito mais do que a superação de uma lógica pela outra, trata-se do convívio entre distintas formas de manifestação do fenômeno regional e, consequentemente, de sua própria conceituação.

Como já vimos, para muitos casos, regionalismos e identidades regionais ainda podem, de algum modo, ser relacionados à forma intraestatal clássica, zonal, ou seja, são construídos tendo por referência nítidos recortes político-administrativos dentro do jogo de poder do Estado-nação e suas disputas pela manutenção de uma hegemonia. Aí, "regiões" podem partir de dinâmicas sociais complexas que, de alguma forma, procuram "articular" múltiplas dimensões da sociedade. Um pouco longe, entretanto, de realizar a genérica conjugação totalizadora proposta por Ann Markusen.

Em resumo, enquanto componentes da visão dita clássica de região em Geografia, mas que de modo algum teriam simplesmente desaparecido, as "características elementares" anteriormente descritas podem servir de parâmetro para uma avaliação da "crise regional" e da reemergência da região como conceito capaz de responder a muitas questões referentes ao des-ordenamento territorial contemporâneo. Vejamos então, em mais detalhe, uma reavaliação dessas propriedades e, em caráter ainda embrionário, a proposição de novos caminhos.

A singularidade regional e a questão da diferença: por uma abordagem regional que focalize os processos de diferenciação espacial com base tanto em diferenças de grau quanto em diferenças de natureza

A região, enquanto uma espécie de unidade espacial definida a partir de uma determinada articulação de relações socioespaciais, dotada de similaridade ("homogeneidade relativa") e/ou de coesão (funcional e/ou simbólica), evidentemente, é sempre definida a partir de sua especificidade, de sua diferenciação ou contraste — naquilo que muitos geógrafos, numa perspectiva mais tradicional, identificaram como o foco central da disciplina, a diferenciação espacial ou de áreas.

Segundo Hartshorne (1978[1959]), a expressão "diferenciação de áreas" foi proposta por Sauer em 1925, parafraseando uma proposta de Hettner sobre a concepção de Geografia, mas decorre da síntese feita por Richthofen, a partir, por sua vez, das posições de Humboldt e Ritter. Hettner, em obra de 1898, afirmou que "a matéria específica da Geografia, desde os tempos mais remotos até os dias de hoje, consiste no conhecimento das áreas da terra na medida em que diferem umas das outras" (Hettner apud Hartshorne, 1978:14), ou, sinteticamente, inspirando-se em Richthofen, "a Geografia é o estudo da superfície da Terra conforme suas diferenças" (Hettner, apud Hartshorne, 1978:182).

Combatendo as críticas que sofreu ao propor a expressão em *The Nature of Geography* (Hartshorne, 1939), especialmente as que o acusavam de sobrevalorizar as formas, as distinções e a mera descrição de áreas, Hartshorne propõe que a ideia de "diferença" é inerente a todo corpo científico e que "as variações de características estáticas, ou formas, e as variações de características de movimento, ou funções, quer na mesma área, quer entre ela e outra área, incluem-se, todas, no conceito de variação espacial ou diferenças entre áreas" (1978[1959]:20).

Dessa forma, Hartshorne alega que os críticos ficaram mais atrelados ao termo "diferença" do que ao conteúdo da conceituação. Visando evitar "incompreensões", ele propõe então, em sua reavaliação de alguns pontos de "A Natureza da Geografia" (na obra de 1959, *Perspectives on the Nature of Geography*, traduzida em português pelo IPGH como *Questões sobre a Natureza da Geografia*[4]): "(...) a Geografia tem por objeto proporcionar a descrição e a interpretação, de maneira precisa, ordenada e racional, do caráter variável da superfície da Terra" (Hartshorne, 1978:22).

A "variação espacial" (expressão que Hartshorne parece ao final preferir, em vez de "diferença") seria assim elemento fundamental no trabalho do geógrafo e quase a razão de ser da disciplina — só se desaparecessem as diferenças espaciais desapareceriam as regiões. Como já reiteramos, essa diferenciação em sentido amplo (que inclui o próprio acirramento das desigualdades[5], ou seja, tanto as diferenças de natureza ou de gênero quanto as diferenças de grau, como veremos a seguir) não só não diminuiu como, em muitos casos, até aumentou, não sendo prerrogativa da globalização neoliberal a simples padronização e/ou homogeneização das relações socioespaciais, pelo simples fato de que a reprodução ampliada do capital exige também, constantemente, o refazer da diferenciação social e geográfica.

Aliar em nossa leitura da regionalização a construção hierárquico-sistêmica (e funcional) das desigualdades, principalmente aquela(s) promovida(s) pela des-ordem econômica capitalista, com a produção das singularidades, da vivência do espaço e de nossa identificação territorial (ainda que com territórios cada vez mais móveis e híbridos), torna-se ao mesmo tempo uma necessidade e

---

[4] É importante relembrar que estamos utilizando aqui outra edição, revista, publicada pelas editoras Hucitec e Edusp, em 1978, sob o título *Propósitos e Natureza da Geografia*.

[5] Johnston, Hauer e Hoekveld (1990) chegam mesmo a associar (com um sinal de igualdade) desenvolvimento desigual = diferenciação de área = geografia (p. 4).

um desafio. Alguns autores, entretanto, preferem reconhecer uma clara distinção entre abordagens regionais, em que o reconhecimento da diferenciação acaba ao final sempre convergindo para algum tipo de generalização, e abordagens que efetivamente enfatizam as singularidades. Corrêa (1995), por exemplo, propõe distinguir a ênfase às "particularidades" relativas ao conceito de região (que pressupõem sempre um âmbito geral ou um "todo" ao qual essas particularidades estariam associadas — ou do qual seriam derivadas), e a ênfase às "singularidades", que ele prefere associar ao conceito de lugar[6].

Numa nova concepção do singular ou do específico, Massey (2000) parece vincular essas duas leituras, a da particularidade e a da "unicidade", ou melhor, do caráter único dos lugares. Ela propõe, assim, que o que hoje dá singularidade aos lugares (e, por extensão, poderíamos dizer, também, ao espaço geográfico em sentido amplo) não são propriamente os fenômenos "únicos" ou a completa especificidade dos eventos que ali ocorrem. Num mundo globalizado como o nosso, o específico não se refere tanto aos eventos em si, mas, sobretudo, a suas distintas combinações. Em síntese, é sobretudo a especificidade da combinação que faz a diferença — combinação essa, poderíamos acrescentar, que se dá tanto no sentido das diferenças de grau, discretas, quanto das diferenças de natureza, contínuas. Na sobrevalorização, hoje, da mobilidade e da continuidade temos que cuidar, entretanto, para não esquecer o peso ainda evidente das fixações (ainda que relativas) e das descontinuidades.

Na leitura da diferenciação geográfica sobre a qual se empreendem as dinâmicas de regionalização inspiramo-nos na ideia

---

[6] Para o autor, "diferenciação de áreas" não se encontra "associada à noção de unicidade hartshorniana (*uniqueness*)." Inspirado em Lukacs, ele defende que a diferenciação de áreas "não se associa à ideia de *singularidade* que entendemos vincular-se ao conceito de lugar, mas sim à ideia de *particularidade*, isto é, uma mediação entre o universal (processos gerais advindos da globalização) e o *singular* (a especificação máxima do universal)". (Corrêa, 1995:24, grifos do autor)

bergsoniana de diferença (Bergson, 1993[1927]), ainda que não nos estritos limites da "duração" (ligada à intuição) e da sobrevalorização da dimensão temporal efetuadas pelo autor. O filósofo francês Henri Bergson reconhece a existência de duas "espécies de multiplicidade" e, consequentemente, de diferença: uma de caráter qualitativo, intensivo, contínuo, que não admite medida (associada por ele à efetiva temporalidade enquanto "duração"), e outra quantitativa, extensiva/discreta, mensurável (ele dirá também "espacial", numa concepção bastante estreita e questionável de espacialidade)[7].

Temos aí uma diferença "do outro" e uma diferença "do mesmo". Deleuze (1999[1966]) afirma que o mais geral dos enganos do nosso pensamento consiste em "conceber tudo em termos de mais e menos e de ver apenas diferenças de grau ou diferenças de intensidade ali onde, mais profundamente, há diferenças de natureza" (p. 13). Nesse caso, podemos afirmar, quando se transpõem essas diferenças de natureza para o campo das diferenças de grau (ou das desigualdades), surgem a segregação e o racismo, que implicam sempre uma condição de superioridade ou de inferioridade em relação ao outro.

Com certa liberdade para apropriarmo-nos de forma própria de suas noções de diferença ou de multiplicidade, propomos associar o que Bergson denominou "diferenças de grau" a processos de "des-equalização", à produção, fundamental, das desigualdades socioespaciais e, em termos mais materiais, do espaço mensurável, como uma espécie de composição de descontinuidades. Por outro lado, suas "diferenças de natureza", de uma maneira mais simpli-

---

[7] Sobre a diferença de grau, "(...) trata-se de uma multiplicidade de termos que são contados ou que concebemos como podendo ser contados; mas, pensamos então na possibilidade de exteriorizá-los uns em relação aos outros; desenvolvemo-los no espaço" (Bergson, 1993:90). Tenderíamos sempre a substituir a multiplicidade ou a diferença contínua da "duração" ou "heterogeneidade pura" pela "representação simbólica, tirada da extensão" (Bergson, 2006:5), isto é, do espaço. Para uma crítica geográfica fundamentada dessa interpretação de espaço como domínio da multiplicidade quantitativa em Bergson, ver Massey, 2008 (especialmente a Parte 2).

ficada, podem ser vinculadas às diferenças em sentido estrito, aquelas que são irredutíveis a processos de padronização visando a hierarquizações e/ou classificações, como, num sentido amplo, as identidades regionais vinculadas a grupos étnicos, religiosos ou linguísticos.

A partir de uma visão bergsoniana, diferença de natureza ou diferença em sentido estrito seria definida como aquela que está sendo continuamente construída e refeita e que, por ser contínua, não admite fronteiras ou limites rígidos. Propomos falar aqui não exatamente de "diferença", mas de diferenciação em sentido estrito — como aquela que ocorre na leitura contemporânea de identidade social, identidade essa que implica sempre a presença, indissociável, do Outro, alteridade que com ela contrasta e, ao mesmo tempo, a define. Em aparente paradoxo é essa mesma diferenciação, em seu caráter contínuo, mutante, que não permite falar em parâmetros comuns de comparabilidade. Assim, quando nos referimos a características "regionais" ligadas a etnias, grupos linguísticos, religiosos, referimo-nos a diferenças qualitativas "incomensuráveis" e, em certo sentido, incomparáveis.

Diferenças discretas ou de grau, por outro lado, seriam antes de mais nada descontínuas, porque "contáveis" e, assim, separáveis quantitativamente, mas não deixariam de ter o caráter subliminar de uma espécie de continuidade na dissociação, no sentido de que têm sempre um referencial-padrão frente ao qual são construídas — nesse sentido, tornam-se muito mais gradações ou particularidades dentro de um mesmo gênero do que gêneros distintos —, como, de algum modo, acaba ocorrendo nas diferenças de natureza. Sem esquecer que a mudança quantitativa também pode indicar, com o tempo, uma mudança qualitativa, "de natureza" (o famoso princípio da transformação da quantidade em qualidade, sem que esta se confunda, obrigatoriamente, com a intensificação do movimento daquela). A continuidade, de fato, marca os processos do movimento real, efetivo, enquanto a descontinuidade costuma ser prerrogativa de nossos instrumentos analíticos e/ou voltados para as práticas/políticas de reordenamento do espaço.

Ao nos reportarmos a Bergson é interessante lembrar que, contrariamente a um alegado "empirismo" bergsoniano (denominação com a qual ele provavelmente não concordaria), devemos trabalhar sempre a regionalização dentro desse amplo *continuum* entre diferenças de grau e diferenças de natureza. É importante ressaltar, contudo, que, ao contrário do autor, não estamos aqui, de antemão e genericamente, priorizando as diferenças de natureza sobre as diferenças de grau. Elas adquirem para nós, cada uma e dependendo do contexto, sua própria relevância, até porque, em nossa concepção, ambas — e não apenas, como em Bergson, as diferenças de grau — se encontram referidas ao espaço, que em hipótese alguma é mero espaço homogêneo e discreto, como muitas vezes seu pensamento subentende.

Assim, perspectivas de regionalização como a que enfatiza a divisão territorial (inter-regional) do trabalho, vinculada à reprodução desigual e combinada dos circuitos de acumulação capitalista, podem ser expressas enquanto diferenças de grau (embora, evidentemente, a elas não se reduzam), enquanto aquelas que destacam manifestações culturais como a formação de identidades regionais podem ser associadas, prioritariamente, a diferenças de natureza (reconhecida toda a controvérsia que o termo "natureza" implica). Obviamente, embora dificilmente venham a coincidir em termos de suas manifestações espaciais, uma não pode prescindir da outra.

Essa conjugação entre diferenças de grau e diferenças de natureza aparece também na distinção que fizemos entre "múltiplos territórios" e "multiterritorialidade", igualmente pertinente para a análise regional. O espaço geográfico seria constituído, em primeiro lugar, por uma multiplicidade de tipos de território, através das diferentes relações de poder desencadeadas pelas mais distintas instituições e grupos sociais. Trata-se aí de uma diversidade territorial descontínua e "contável", territórios mais facilmente reconhecíveis em sua dinâmica de manifestação discreta na superfície da Terra. Limites jurídicos e fronteiras político-administrativas bem delimitados, dentro das diferentes escalas da ordem estatal planetária (a começar pela propriedade privada), seriam seus melhores indicadores. Por outro lado, numa perspectiva mais qualitativa e contínua, teríamos processos de construção e experimentação de múltiplos territórios ao mesmo tempo, construindo-se assim uma efetiva multiterritorialidade, tanto no sentido de vivenciarmos um espaço em si mesmo híbrido e multiterritorial quanto no de acessarmos, via compressão espaço-tempo, outras territorialidades (Haesbaert, 2007c).

A propósito, essa mudança radical em nossa maneira de interpretar e de vivenciar o espaço pela chamada compressão espaço-tempo institui a condição paradoxal de um espaço ao mesmo tempo mais fluido — e de certa forma, pelo menos ao longo de determinadas redes, contínuo — e mais fragmentado, uma vez que as próprias redes têm como uma de suas características o "não preenchimento" do espaço em seu conjunto, intensificando assim, também, as descontinuidades espaciais. Além do que, como já destacamos em outros trabalhos, muitas são as estratégias, mesmo que malogradas, de controle dos fluxos, incluindo a construção de novas cercas e muros.

Os princípios da homogeneidade e da coesão e a "integração" regional: por uma abordagem regional a partir dos processos de des-articulação espacial

Homogeneidade (sempre relativa) e coesão — basicamente a coesão funcional —, como já discutimos em capítulo anterior (Quadro 1, p. 48), correspondem aos fundamentos que, durante muito tempo, ao longo do último século, marcaram o debate regional, organizado fundamentalmente em torno do binômio regiões homogêneas e regiões funcionais, não mutuamente excludentes. O Quadro 2, a seguir, desdobra as principais características que moldam essas duas perspectivas.

Quadro 2. Princípios Tradicionais de Regionalização

	Princípio Regional da Homogeneidade ou Uniformidade	**Princípio Regional da Coesão Funcional ou da Polarização**
Propriedades básicas	Uniformidade ou semelhança de características (fisionômicas ou paisagísticas numa perspectiva mais empirista, "formais" ou quantitativas numa perspectiva mais racionalista)	Fluxos e relações de organização/coesão (de complementaridade numa abordagem mais conservadora, de dominação numa perspectiva mais crítica)
Configuração espacial típica	Áreas ou zonas (superfícies e limites) justapostas Fronteiras/limites relativamente claros, não admite sobreposição "Realidade horizontal" (De Jong, apud Hartshorne, 1978)	Nós ou polos e fluxos — redes (pontos e linhas) Fronteiras/limites pouco definidos, admite sobreposições ("campos de forças", hierarquia e centralidade) "Unidade vertical" (De Jong)
Fenômenos privilegiados	Zonais ou em área. Ex. atividades rurais, uso do solo	Reticulares. Ex. rede urbana, circulação econômica
Exemplos de indicadores	Região homogênea Complexa: área de domínio de um tipo de paisagem Simples: tipo de produção, composição social, étnica, linguística	Fluxos de transporte (passageiros/migrantes, carga), prestação de serviços (atendimentos em educação e saúde), comunicações/informações (chamadas telefônicas) e capitais
Método de regionalização / análise regional predominante	Descrição e/ou classificação de "lugares" (Hartshorne) ou de áreas (Grigg)	Medição e análise da direção e intensidade dos fluxos a partir das conexões urbanas
Limitações	Prioriza a homogeneidade e a estabilidade, a extensão (uniforme) dos fenômenos, subvalorizando a mobilidade e a fluidez	Sobrevaloriza fenômenos dotados de maior mobilidade ou organização em rede, funcionais, menosprezando aqueles mais bem expressos em termos de área ou extensão e os de ordem simbólica

FONTES: Hartshorne, 1978 (1966); Juillard (1965); Hilhorst (1975); Richardson (1975); Roncayolo (1986).

É importante relembrar, como já enfatizamos, o caráter ao mesmo tempo distinto e complementar desses dois princípios gerais de regionalização, cuja origem remonta, poderíamos afirmar, a dois dos conhecidos "princípios gerais" da Geografia: a homogeneidade ou uniformidade ligada ao princípio da extensão e a coesão regional (funcional) ligada ao princípio da conexão. Trata-se também, e daí a possibilidade de retrabalhá-las ainda hoje, do reconhecimento de duas lógicas de des-articulação espacial, uma dita mais zonal, por considerar prioritariamente os fenômenos que se manifestam mais em termos de área (ou superfície), e outra mais reticular, por priorizar os fenômenos que se traduzem melhor em termos de redes ou fluxos.

É evidente que, num espaço ao mesmo tempo articulado ("coeso") e desarticulado ("disperso"), ordenado e desordenado, como o nosso, alguns espaços também poderão ser definidos mais pela desarticulação ou pela dispersão do que pela coesão ou articulação. É nesse sentido que, hoje, processos diversos, mas relacionados, como fragmentação, exclusão e produção de descontinuidades, também estão na ordem do dia dos estudos regionais.

Ainda nos anos 80, Gilbert (1988) falava de uma "renovação da síntese regional" sob um não muito claro "modo pós-positivista de explicação do específico" (que hoje, como vimos, vai desde o marxismo e a teoria da estruturação até diferentes vertentes do pós-estruturalismo e/ou do construtivismo). "Análise e síntese", diz ela, são "usados como complementares para entender a região" e sua singularidade. A síntese seria antecedida de uma base teórica que passa a considerar a especificidade regional como resultado "da interconexão de processos em diferentes escalas, processos não necessariamente complementares, sem dúvida frequentemente antagônicos" (Gilbert, 1988:220).

Quanto à coesão regional, hoje, obviamente, ela continua a ocorrer, porém, como sabemos, não simplesmente como uma "síntese" de todas as dimensões sociais num espaço dotado de continuidade. Muitas vezes se trata da já comentada coesão funcional destacada por Santos (1999), dada fundamentalmente pelos fluxos econômicos dominantes que, mesmo podendo desenvolver relações diretamente do nível local ao global, ainda mantêm laços importantes com contextos mais tipicamente "regionais", mesoescalares e infranacionais. Para alguns, como fica mais ou menos explícito na posição de Nigel Thrift, a fragmentação socioespacial e o aprofundamento das desigualdades, em malha cada vez mais fina, levam a reconhecer uma coesão espacial ("regional"), basicamente nos níveis de maior escala, dos "novos localismos". Outro fato fundamental que atribui complexidade a essas coesões é que elas aparecem, de modo crescente, não apenas num aspecto funcional, mas também simbólico, ainda que, muitas vezes, um esteja a serviço do outro, como no caso dos simbolismos regionais comentados, forjados com a clara intenção de "vender" a imagem da região ao grande capital, aos grandes investidores, em eficaz *marketing* das regiões.

Diante da enorme dificuldade de encontrarmos, hoje, uma efetiva síntese ou integração das múltiplas dimensões do espaço, e menos ainda de forma contínua, defendemos o termo "articulação" regional — ou, para sermos mais rigorosos, *des-articulação*, com hífen, para destacar o caráter concomitante de estruturação e desestruturação regional, espaços ao mesmo tempo conectados, coesos e desconectados, disjuntos. E isso não para defender simplesmente a positividade de espaços regionais articulados, "ordenados" — que podem justamente estar a serviço de uma "ordem" altamente excludente e/ou segregadora —, mas para mostrar o caráter sempre ambivalente da articulação e da desarticulação ou, se quisermos, também, em sentido semelhante, da ordem/ordenamento e da desordem/desordenamento.

O sentido ambivalente da "desarticulação" é destacado por Doreen Massey quando da crítica a Ernesto Laclau por sua relação às vezes unilateral de "desarticulação" (*dislocation*) com tempo, e não com espaço. Ambos, entretanto, enaltecem a desarticulação como fonte do novo, de novas propostas políticas, de "liberdade", enfim:

> *O espaço tem sido interpretado por muitos como apolítico porque ele é conceituado como um todo sem costuras, como o sistema totalmente fechado e interconectado de uma estrutura sincrônica. Não é desarticulado, e a "desarticulação é a fonte da liberdade"* (Laclau, 1990:60) (Massey, 2008:71).

Dependendo do contexto, diferentes elementos poderão ser responsáveis pela des-articulação regional, sempre através de processos complexos e que, obrigatoriamente, implicam tanto a continuidade e a contiguidade quanto a descontinuidade e a fragmentação espaciais. Assim, em vez da integração ou síntese num espaço zonal dotado de homogeneidade, como nas leituras clássicas de região, temos a articulação num espaço de dominante reticular dotado tanto de relativa coesão interna quanto de parcelas de alguma forma "desarticuladas", que manifestam a descontinuidade como um componente indissociável dos espaços regionais.

O que denominamos aqui *des-articulação* do espaço ocorre em pelo menos duas perspectivas: uma, mais geral, que envolve as dinâmicas de continuidade e descontinuidade espacial, em sentido amplo, e que será discutida em mais detalhe no próximo subitem, e outra, mais específica, que trata da relação entre as múltiplas dimensões do espaço (aquilo que alguns, de forma muitas vezes imprópria, denominam, por exemplo, "espaço econômico", "cultural", "político", "natural"...)

Partindo do pressuposto de que toda espacialidade envolve dimensões (sempre imbricadas), como a econômica, a política, a cultural, a social (em sentido mais estrito) e a ambiental, propomos então trabalhar a regionalização a partir da imbricação, ou melhor, da *des-articulação* das seguintes dinâmicas ou processos espaciais e/ou territoriais mais gerais, cada um deles focado prioritariamente em uma determinada dimensão do espaço:

a) funcionalização, privilegiando as transformações econômicas através do espaço;
b) controle ou dominação territorial, enfatizando as relações espaço-poder;
c) simbolização e/ou identificação espaço-territorial;
d) precarização e contenção territorial, em perspectiva mais estritamente social;
e) exclusão territorial, em sentido que envolve, sobretudo, aqui, questões ditas ambientais.

Toda regionalização, em sentido amplo, trataria das formas de des-articulação entre esses distintos — mas inter-relacionados e concomitantes — processos. Essa des-articulação se manifesta em diferentes graus de complexidade, aí incluídas as conexões envolvidas na ação dos distintos sujeitos sociais responsáveis pela construção dos espaços regionais. Tal como na proposta de Milton Santos para os dois circuitos da economia urbana (Santos, 1979), que trouxe um importante complicador na configuração das regiões funcionais e suas áreas de influência, em razão das diferentes classes sociais e seus respectivos circuitos de trabalho e consumo, devemos considerar que diferentes articulações regionais se desdobram a partir dos distintos grupos/classes sociais envolvidos — e não apenas no sentido econômico-funcional, mas também político e cultural.

Assim, teremos regiões mais complexas e mais simples — ou melhor, menos complexas, não no sentido meramente epistemológico com que originalmente se trabalhava com essa distinção (as regiões "simples" levando em conta apenas um aspecto, dimensão ou "variável"), mas sim a partir da efetiva conjugação diferenciada dos múltiplos processos e sujeitos que participam da construção regional. A complexidade, assim, seria avaliada a partir da intensidade — quantitativa — e da multiplicidade — qualitativa — da articulação regional, tanto no sentido econômico-funcional quanto simbólico-cultural, reconhecendo ao mesmo tempo a densidade das redes de circulação econômica e de poder e aquelas dos distintos grupos culturais ali conjugados.

Embora não seja nosso objetivo, agora, aprofundar a abordagem sobre cada um desses processos gerais e as formas de articulação profundamente distintas com que se manifestam, de acordo com os sujeitos sociais, a escala e o contexto geo-histórico privilegiados, o que propomos fazer num desdobramento futuro, consideramos importante, aqui, pelo menos, focalizar um pouco mais os dois últimos que, de alguma forma, constituem proposições inovadoras, enquanto os três primeiros são mais facilmente reconhecidos e já foram muito mais trabalhados.

Aquilo que denominamos precarização territorial[8] refere-se à perda de controle (ainda que sempre relativa) sobre nossos territórios, ou seja, corresponde a um processo de desterritorialização numa perspectiva mais estritamente social, por envolver sobretudo a precarização de laços sociais pela fragilização de nossa vida econômica, política e/ou cultural. Inspiramo-nos aqui na concepção proposta pelo sociólogo José de Souza Martins (1997, 2002), quando ele questiona o termo "exclusão" social e sugere "precarização" como expressão mais consistente para identificar os atuais processos de empobrecimento e subalternização. Proposições conceituais inovadoras sobre região, como a de Allen et al. (1998), aqui apresentada, destacam a relevância crescente desses processos, ainda que sob o termo "exclusão" social.

---

[8] Sobre essa noção, ver principalmente a discussão que efetivamos no item 7.2 ("Desterritorialização e aglomerados de exclusão") do livro *O mito da desterritorialização* (Haesbaert, 2004).

Justamente como uma das consequências da atual dinâmica de precarização social e territorial surge outro fenômeno que propusemos denominar "contenção" territorial. A contenção se dá associada às estratégias políticas do chamado biopoder que, como já destacamos (Haesbaert, 2009), inspirado em Foucault (2004), refere-se sobretudo ao controle da circulação, à ação sobre o direcionamento e a intensidade dos fluxos, naquele espaço que o autor, resgatando propostas originais do termo (como a de Newton), denomina "meio" — o espaço em que se dá a circulação, incluída a circulação "natural" (tão pouco "natural", hoje) das águas e dos ventos.

Em nome de um poder sobre a vida, ou seja, de uma biopolítica, pode-se tanto tentar controlar — ou melhor, conter — o deslocamento de populações (no sentido dos homens vistos sobretudo enquanto espécie), em nome da evitação da difusão de condições sociais e culturais estigmatizadas como perigosas ou inferiores — ou mesmo do pretenso controle do alastramento de epidemias — em nome da vida "sã" (e privilegiada) dos que, assim, têm seus espaços de reprodução devidamente resguardados.

É igualmente dentro da esfera do biopoder que se constroem outras estratégias de controle territorial capazes de, por sua amplitude e especificidade, interferir de modo considerável na des-articulação dos espaços regionais. Trata-se daquilo que, através de expressão que reconhecemos polêmica, propomos denominar processos de "exclusão" territorial (Haesbaert, 2006).

Em associação com o pensamento foucaultiano e de Agamben, podemos afirmar que, num mundo biopolítico como o nosso, não só o homem, "animalizado", pode retornar a uma condição próxima da de "natureza", como diria Hobbes, ou melhor, de "bando" (nos termos de Agamben), dentro da ambígua clausura dos "campos" (Agamben, 2002), como a própria natureza, pretensamente reduzida a sua condição de *natura naturata*, em nome da garantia da sobrevivência do homem enquanto entidade biológica, é "contida" em reservas amplamente vedadas ao usufruto da sociedade.

"Excluem-se" territórios — ou, se quisermos, criamos "territórios excluídos" — não em relação aos assim chamados processos de exclusão social (neste caso, como já vimos, optamos pelo termo "precarização"), mas no sentido de retirarmos deles a possibilidade de usufruto social direto. Isso ocorre especialmente por meio de dois processos, ao mesmo tempo opostos e interligados:

— um primeiro, referido à definição de grandes espaços naturais protegidos e completamente vedados ao usufruto social em sentido direto, pautado em prática que legitima o discurso dualista de uma "natureza sem sociedade", com a chamada "preservação natural" de caráter irrestrito;
— um segundo processo, dialeticamente articulado ao primeiro e que em parte o explica, relativo à transformação de grandes áreas em espaços praticamente inabitáveis (brincando com as palavras, uma espécie de "sociedade sem natureza"), através da degradação provocada pelo uso indiscriminado, dentro de uma lógica predatória militarista ou de produção-consumo e lucro a qualquer preço, como em áreas de grandes desastres ambientais e depósitos de dejetos tóxicos (incluindo o lixo nuclear).

Uma das consequências de se trabalhar com a articulação regional do espaço via processos de "exclusão" territorial, na perspectiva aqui proposta, é que eles incorporam na análise regional a dimensão que envolve as chamadas questões ambientais — ainda que, nesse caso, provavelmente mais pelo viés da "desarticulação" do que da efetiva "articulação" regional, já que são espaços colocados praticamente à margem do efetivo usufruto social.

Processos como os de precarização, contenção e exclusão territorial, focalizados aqui de forma sintética, por já terem sido desdobrados em trabalhos recentes, ficam assim como um indicativo para que sejam desdobrados/avaliados em trabalhos futuros relativos a propostas mais concretas de regionalização.

A questão da continuidade espacial: por uma abordagem regional focada na des-continuidade das regiões

Diante de posições pós-estruturalistas que privilegiam o hibridismo, a justaposição e a fluidez, é fácil imaginar a intensidade do debate travado em relação à questão da descontinuidade espacial. Para muitos autores, como já evidenciamos, a própria condição de um mundo passível de ser regionalizado (pelo menos em seus padrões mais tradicionais) estaria agora colocada em xeque. Trata-se, sem dúvida, de discutirmos de forma mais elaborada o que entendemos por descontinuidade, não apenas no sentido de seções desconectadas e mais claramente diferenciadas, mas também, e sobretudo, de parcelas relacional e diferencialmente articuladas.

Tradicionalmente, bem sabemos, a região é vista como um espaço dotado de relativa estabilidade. Mesmo quando, através do conceito de região funcional ou polarizada, passou a enfatizar a lógica dos fluxos e a admitir de forma mais clara sobreposições e, assim, a relativizar limites, era possível delinear, em cada momento histórico, um determinado espaço ou área contínua de influência das cidades. A grande questão, hoje, para nos mantermos nesta ênfase nas relações cidade-região, é que elas se tornaram muito mais complexas e sem hierarquias claras, em que o fato de um centro urbano exercer influência para além de uma área contínua a partir de sua área "core" é uma realidade — ou, no mínimo, possibilidade — cada vez mais presente.

Uma das pesquisas que realizamos, nesse sentido, abordou o espaço e a rede urbana recentemente formados a partir da intensa migração brasileira em território do leste paraguaio (Haesbaert, 1999a). Muitos núcleos urbanos nessa área manifestavam vinculações diretas bem mais intensas com cidades em território brasileiro, do outro lado da fronteira — não só no nível de relações econômicas mas também culturais — e menos com aqueles centros que, "naturalmente", por questão de relevância e maior proximidade, tenderiam a exercer sua influência majoritária: Ciudad del Este, segundo centro urbano paraguaio, e Assunção, capital do país. Migrações, num sentido mais amplo, são responsáveis hoje por um verdadeiro complicador em termos de articulações regionais, principalmente quando referidas às grandes redes de diásporas de migrantes.

Na história do pensamento geográfico a efetiva continuidade como marca da região praticamente só esteve ausente na região como classe de área (Grigg, 1974) — que muitos, por isso mesmo, não reconheciam efetivamente como uma região, principalmente porque essa descontinuidade estava muito mais ligada a princípios de método do que a evidências empíricas. Mais do que a simples des-continuidade "formal", portanto, interessa saber em relação a que processos, a que "conteúdo" social ela é definida.

Alguns autores, de um modo mais geral, reportando-se ao espaço geográfico como um todo, consideram a descontinuidade uma de suas características fundamentais. Numa obra específica sobre o tema (Carroué et al., 2002), enfatiza-se, de forma um tanto polêmica, que rupturas bruscas e não "gradientes" (mudanças gradativas) são a norma. Embora os autores em geral enfatizem muito mais a descontinuidade *inter*-regional, ou seja, a descontinuidade como condição para a existência de regiões e para a possibilidade da regionalização, se "o espaço geográfico é 'fundamentalmente descontínuo'" (Di Méo e Veyret, 2002:8, citando Brunet e outros autores), podemos afirmar que essas descontinuidades também devem ser destacadas no próprio contexto *intrar*regional. De uma forma ou de outra, hoje, o debate sobre a descontinuidade ou a "fragmentação" interna às próprias regiões está na ordem do dia.

Thrift (1996), por exemplo, afirmou que "a região está se fragmentando, tornando-se não tão desorganizada (...) quanto *deslocada* nos termos em que costumamos considerar regiões como áreas contínuas e demarcadas" (p. 239), fragmentação que decorre tanto da enorme seletividade e "flexibilidade" econômica promovida pela globalização quanto da manifestação de múltiplas e/ou híbridas identidades culturais e sistemas políticos de governança. Mostrando a desconexão entre "consumo" e "produção" dos/nos espaços, Thrift afirma que, neste mundo "globalmente local", os "contextos podem ser consumidos localmente (embora até isso esteja em questão), mas são cada vez menos produzidos localmente" (p. 240). Vincula-se a este ponto, num sentido também político, aquilo que Santos (1996) destaca como a dissociação entre os espaços de controle e os de execução da ação — ou, em outras palavras, de seu comando e de sua realização.

Em trabalho anterior (Haesbaert, 1999b), de modo mais ousado, chegamos a sugerir uma "regionalização global em rede" que distinguiria "territórios-rede de múltiplos agentes, como os que envolvem as grandes diásporas de imigrantes (...). Eles funcionam integrados ao sistema-mundo, mas têm importantes especificidades que permitem uma leitura geográfica particular de suas atuações" (p. 31). É possível imaginar, a partir daí, uma "regionalização global" em "fatias", ou melhor, em "feixes" regionais de coesão/articulação reticular que, dependendo dos sujeitos e das atividades sociais em jogo, comporiam espaços descontínuos, porém substancialmente articulados entre si — e isso, obviamente, não apenas na escala global.

Uma proposta mais aprofundada que fizemos, nesse sentido, foi a de trabalhar não propriamente com "região", mas com a concepção de "rede regional", especialmente quando os processos priorizados no fenômeno regional são os regionalismos e as identidades regionais de referente nacional. O exemplo dos migrantes gaúchos no interior do Brasil revelou a pertinência desse enfoque (v. Haesbaert, 1997 e 1998b). Ao mesmo tempo em que, de alguma forma, eles "carregam consigo sua região", ou melhor, seus referenciais espaciais de caráter regional (em outros termos, sua "regionalidade"), reproduzem, sobretudo no nível local (um bairro, um município — ou mesmo, mais raramente, em processos de criação de novos estados), territorialidades que, organizadas em rede ao longo de grande parte da trajetória construída pela migração, articulam uma série de dinâmicas que devem sua articulação a esse perfil "regional" dos grupos migrantes[9]. Nesse caso, podemos dizer, importante parcela do que ocorre com as diásporas em nível mundial, ocorre também com as migrações internas no nível nacional especialmente quando elas carregam forte diferencial étnico-cultural.

Fundamentados no termo-chave "articulação" para definir os processos contemporâneos de regionalização, podemos ter a produção de articulações que resultem em coesões no sentido mais tradicional de região, definindo uma base zonal mais clara (a partir de movimentos regionalistas por autonomia territorial frente ao Estado, por exemplo) e outras cuja base é muito mais nítida no sentido reticular (como a aludida rede "gaúcha" no interior do Brasil, ou outras redes de diásporas migratórias ao redor do mundo) — que, se não configuram propriamente uma região, no mínimo exigem a introdução de novas concepções, como as de "região-rede"[10] ou "rede regional".

Assim como são focalizados mais pela descontinuidade do que pela continuidade, mais pela heterogeneidade do que pela homogeneidade, a realidade e o espaço contemporâneos, relacionalmente falando, são sempre abordados muito mais pelo caráter de mutação, de mobilidade e mesmo de fluidez do que de conserva-

---

9 Duarte (1988), por exemplo, chegou mesmo a utilizar a expressão "voto étnico" com base na origem regional dos votantes em áreas de migração sulista no Mato Grosso.

10 Propusemos esse termo num trabalho de 1994, onde afirmávamos:

"A região, tal como tem sido vista ao longo do tempo pelos geógrafos, passou aos poucos de uma região-território [precisando, diríamos hoje, região-zona], no sentido mais tradicional de território, onde se define com clareza a fronteira entre o mesmo e o Outro, o 'meu do teu', o igual e o diferente, até uma região-rede, moldada mais pelas desigualdades (econômicas) do que pelas diferenças (culturais) (p. 209) (...) onde, mais do que a desterritorialização desenraizadora, manifesta-se um processo de reterritorialização espacialmente descontínuo e extremamente complexo" (Haesbaert, 1994:214).

ção, fixidez e estabilidade. Muitos autores, entretanto, ultimamente têm questionado esse relativo menosprezo pela conservação e pelo caráter "fixador" do espaço[11]. Isso se verifica, antes de mais nada, pelo simples fato de que uma das propriedades do espaço é "acumular", ou melhor, "condensar" tempo, sintetizada na denominação "acumulação desigual de tempos", de Santos (1978). O tempo materializado em espaço interfere diretamente no potencial que os espaços oferecem para a transformação e a própria fluidez. Assim, contextos ou articulações regionais dependem também do "tempo espacial" ali sedimentado. Daí a extrema relevância da análise tempo-espacial dentro da abordagem regional, pois a des-articulação regional depende não só das des-conexões de possível realização no presente (para o futuro), mas também daquelas que realiza (ou que realizou) com o passado, seja através da própria materialidade previamente construída, seja pela memória espacial que frequentemente acionamos.

O caráter escalar intermediário ou de mesoescala: por uma regionalização vinculada às múltiplas escalas de poder num mundo global-fragmentado

Se existe consenso de que a região envolve sempre um patamar "mesoescalar", já que é definida em relação a um todo mais amplo, não se pode dizer o mesmo quando se trata de definir a que "mesoescala" ela, prioritariamente, se refere. Não há dúvida de que região, especialmente quando tomada em seu sentido mais genérico e de natureza fundamentalmente epistemológica, como instrumento de análise, como "recorte" espacial ou "parte de um todo", sempre foi trabalhada como escala intermediária, seja

---

11 Um exemplo é Jones (2009), ao propor "considerar um meio caminho conceitual entre espaço como ancoragem e fixidez territorial *e* concepções de espaço como topológico, fluido e relacionalmente móvel" (p. 496).

aquela mais típica, entre o local e o nacional (tida equivocadamente como uma marca central da abordagem clássica "lablacheana"), seja entre o nacional e o mundial (na popular Geografia "dos continentes" e/ou dos "blocos regionais" com que muitos currículos de cursos de graduação ainda hoje organizam suas "Geografias Regionais").

Na verdade, como já foi possível deduzir pela discussão travada até aqui, dependendo do autor e de sua filiação teórica, em termos de escala podemos ter a região confundida com:

— qualquer nível escalar abaixo do nível global, especialmente na abordagem mais geral de região como recorte analítico ou parcela do todo;
— um nível escalar intermediário entre o local e o nacional, como predominou na chamada Geografia clássica de matriz francesa;
— mais recentemente, dependendo da perspectiva, podem ser priorizados também o nível local (como na região a partir dos "novos localismos") e o nível intermediário entre o nacional e o global (como na leitura dos "novos regionalismos" dos blocos econômicos desenvolvida por muitos economistas).

Autores como Milton Santos, embora privilegiem um processo social mais específico na estruturação de regiões ("a energia que preside" a sua formação sendo "a das divisões do trabalho sucessivamente instaladas" [1994:98]), não reconhecem uma escala prioritária para a manifestação dessa diversidade regional, referindo-se a mesoescalas praticamente em qualquer nível. Para Santos, de maneira relativamente simples e, digamos, "analítica", "regiões são subdivisões do espaço: do espaço total, do espaço nacional e mesmo do espaço local" (1994:98).

Mas essa posição, obviamente, não é consensual. Mesmo autores contemporâneos, como Scott (1998), assumem abertamente apenas a escala mais tradicional em suas definições de região. Para Scott, o "regional" é trabalhado também como um "nível hierárquico" (1998:10), enquanto "área geográfica de extensão subnacional" (p. 1) — e, podemos deduzir, supralocal, pois ele trabalha com áreas em que existe um mínimo de desenvolvimento metropolitano e densidade de atividades socioeconômicas. Desse modo, o autor exclui explicitamente do uso da expressão "regional" dimensões como, por exemplo, aquela que se refere à escala continental.

Pelo menos no plano político-administrativo e numa visão mais pragmática (ligada ao planejamento regional), ao ser diretamente vinculada à figura do Estado, parece haver certo consenso, pelo menos na Geografia clássica, de que a região é, como dizia Bernard Kayser,

> *(...) um nível intermediário indispensável entre o poder central e os organismos locais. Ela é o quadro territorial no qual se aplicam as decisões, para o qual são estudados os programas de ação* (Kayser, 1975:282).

Contudo, o retorno da região nos anos 80/90 ocorreu também a partir da ênfase a processos desdobrados em outra escala, algumas vezes menosprezada pela Geografia clássica, que valorizava sobretudo as mesoescalas infranacionais e supralocais. Trata-se da escala internacional, principalmente a partir da formação de grandes blocos econômicos, ditos também blocos "regionais". Como já comentamos, chegou-se a ponto de analisar a relação entre globalização e "regionalização", criando-se um novo binômio em que o antagonismo não é tão evidente, posto que "se regionaliza para melhor globalizar" — os blocos econômicos (União Europeia, Nafta, Mercosul...) atuando ora como contrapontos, ora como novas searas ou uma espécie de "escala operacional" da globalização comercial e financeira.

Esse novo discurso da "região" que reúne vários países é típico de uma determinada linha de economistas, muitos abusando até mesmo do termo "regionalismo", que perde seu caráter eminentemente político, como movimento de base territorial por autonomia frente ao Estado (como definido em Markusen, 1981) e adquire conotação fundamentalmente econômica e supranacional.

Sassen (2001), por outro lado, inspirada no trabalho já aqui comentado de Scott et al. (2001), fala da elaboração de uma "nova escala estratégica" (p. 78) a partir da concepção de cidade-região global. Para a autora, seja como "escala territorial" (efetiva), seja como "construto analítico", ela extrapola a simples "cidade global", que acaba contida na região. Por outro lado, bem sabemos que as relações construídas pela cidade global, numa característica que lhe é inerente, seja qual for sua definição, podem também configurar regiões de influência no nível macro, continental, ou seja, o regional, nesse caso, ao mesmo tempo contém e é contido pelos circuitos da cidade-global.

Ainda nos anos 80, um autor como Paasi propôs uma diferenciação entre lugar e região a partir não exatamente da escala em sentido cartográfico (enquanto extensão em área), mas na relação com a vida cotidiana[12]. Numa visão "estruturacionista" de região e lugar, ele diz que ambos são abstrações, a serem "concebidas na relação entre ação individual e estrutura social através do processo de estruturação da sociedade":

> *Em vez da categoria de lugar, centrada no homem, uma região é interpretada como categoria com explícita dimensão coletiva que representa práticas institucionais, e a história da região, não a história de um indivíduo, como faz o lugar (...) Em determinado sentido, regiões como estruturas simbólicas transcendem a interação social face a face, cotidiana local,*

[12] Nesse sentido, ver nossa distinção entre escalas cartográficas e geográficas e a concepção de escala geográfica local como espaço cotidiano de relações (Haesbaert, 1993a e 2002).

e os sistemas simbólicos de regiões são fundamentalmente baseados em controles e transações não locais (cf. Pred 1985b:340) (Paasi, 1986:113).

Entretanto, dentro do mesmo raciocínio geográfico que, hoje, prioriza a dinâmica mais ampla de globalização-fragmentação, alguns indicam que a região passa a manifestar-se sobretudo no nível local — ou mesmo a se confundir com o "lugar" —, pois, como já salientamos, esse seria o melhor lócus para reconhecer uma realidade espacial minimamente coesa e que realize certa "integração" entre diferentes dimensões socioespaciais. É assim que Nigel Thrift (1996), ao recuperar o debate regional, relaciona-o à entrada num "novo período de localismo". Outros autores, embora nem sempre de maneira explícita, sugerem a própria reconfiguração dos regionalismos (os "novos regionalismos"), que adquirem de certa forma uma dimensão mais "popular" e local (Vainer, 1995).

Esse "novo localismo" não pode, todavia, ficar circunscrito à leitura fragmentadora do pós-estruturalismo. Smith (1988), em seu enfoque marxista, afirma que o localismo representa "uma 'desestruturação' da coerência geográfica que dominava a expansão econômica na maior parte do mundo do pós-guerra, uma destruição da velha estrutura regional", resultado de intensa competição num novo modo de regulação moldado pelas propostas neoliberais pós-fordistas. Para ele, em crítica às vezes demasiado negativa, bem ao contrário das teses pós-modernistas da "política da diferença", o localismo corresponderia hoje a uma "política reacionária de impasse" em que "as velhas regras estão desaparecendo, e as novas, longe de serem evidentes, são o objeto da luta política". Não podemos assim restringir a vida cotidiana simplesmente ao "localismo", transformado em "apriorismo filosófico que privilegia o local sobre todas as outras escalas espaciais" (Smith, 1988:151). Como nos anos 30, por trás desse localismo podem estar emergindo novas reestruturações regionais.

O que temos que destacar dentro desse quadro contraditório entre antigas e novas dinâmicas são justamente as imbricações escalares proporcionadas principalmente pela densificação dos circuitos globalizadores, muito mais evidente, é claro, no mundo capitalista europeu, norte-americano e das economias mais capitalizadas do Extremo Oriente.

Assim, autores como Thrift e Scott não estão simplesmente retomando velhas configurações regionais, seja no nível mais estritamente local, seja no nível intermediário, infranacional e supralocal. Thrift não fala de uma simples retomada do "localismo", mas de sua reformulação através do que ele denomina "localismo globalizado", muito difícil de ser apreendido pelo geógrafo regional, uma "nova sociedade globalmente local", "um localismo sistematizado e racionalizado que visa absorver as mercadorias ao produzir e reproduzir consumidores" (p. 240). Para ele:

> *... a premência de se identificar com localidades parece ter se tornado mais forte. O súbito aparecimento de uma enorme quantidade de literatura local e de histórias de herança cultural sugere uma fixação à localidade, mas uma ligação mediatizada pela mídia (...). Um localismo "global" domina novamente* (Thrift, 1996:241).

Por outro lado, o que Scott também, de certa forma, faz questão de enfatizar é a mudança na relação "de subordinação" (termo nosso) privilegiada, agora não mais a partir do nível regional em relação ao nacional (Estado), mas do nível regional diretamente em relação ao nível global, ou seja, mesmo se mantendo a escala clássica de análise ao definir a região, podemos dizer que, como ela nunca é estabelecida de forma isolada, mas relacionalmente, o que de fato representa uma mudança substancial é a relação interescalar privilegiada, muitas vezes não mais da região frente ao poder do Estado, mas frente aos macrocircuitos (notadamente econômicos) da globalização.

Isso faz lembrar um anúncio do governo regional catalão quando da realização das Olimpíadas de Barcelona, difundido em jornais europeus: num mapa da Europa desenhava-se apenas a região da Catalunha, salientando que agora todos sabiam que as Olimpíadas estavam se realizando num "país" chamado Catalunha. Passando por sobre o governo nacional espanhol, manifestava-se ali a força do nível regional diretamente articulado com os circuitos globais ou, pelo menos, da União Europeia.

Tudo isso nos mostra que o que ocorre, de fato, é uma complexa articulação escalar — e eis aí um terceiro sentido para o termo "articulação" — muito mais imbricada e múltipla do que no passado. Nenhum espaço, mesmo aqueles mais isolados do planeta, está imune a um tipo de mecanismo "global" que sobre ele, de alguma forma, exerce sua influência. Evidentemente, essa interferência, como já destacamos aqui, dá-se das formas mais diversas e desigualmente distribuída na face da Terra. Daí a própria dificuldade, hoje, de uma definição relativamente clara do que seria uma escala "local" ou mesmo "nacional" — para não falar do debate sobre uma escala "regional", objeto mais direto deste estudo. Propostas contemporâneas como a do neologismo "glocal" ou "glocalização" (Swyngedouw, 1992; Robertson, 1995) estariam entre as melhores evidências dessa dificuldade.

Fica claro que, num mundo dito em processo de globalização, como vimos aqui especialmente para as cidades-região globais, falar em estabilidade e continuidade (física) dos fenômenos no espaço é muito problemático. Já no início do século — apesar do que afirmam muitos de seus críticos — Vidal de la Blache demonstrava que analisar uma região da França ou a França em seu conjunto demandava claramente abordar contextos mais amplos, na escala da Europa, por exemplo. Os recortes de seu "Atlas" já demonstravam, igualmente, essa preocupação com um tratamento multiescalar[13]. Na verdade, La Blache também antevia claramente

---

13 Sobre o "Atlas Vidal-Lablache" ver a análise feita por Robic (2002). Para a autora, o atlas tem uma "estrutura complexa, multiescalar e polimórfica,

a necessidade de se trabalhar — e mesmo de se priorizar — a Terra como um todo, em seu conjunto, mesmo muito longe do uso do termo "globalização"[14].

Essa sobreposição escalar de extensão e/ou articulação dos fenômenos sociais, muito mais intrincada no mundo contemporâneo, dificulta a análise regional na medida em que é impossível encontrar espaços cuja coerência e especificidade possam ser analisadas independentemente de sua inserção em processos visíveis sobretudo em outros níveis escalares. Por outro lado, é claro, não podemos ser reducionistas a ponto de ignorar toda a força dos contextos locais/regionais que, mesmo através de elementos plenamente inseridos na própria globalização, como a mercadoria, podem oferecer mecanismos de resistência. Como afirma Thrift, "algumas vezes as [próprias] mercadorias são usadas como símbolos de resistência", e "a recepção [local] pelas pessoas dos significados da mídia não é um processo passivo, mas transformativo" (1996:237).

Outro dilema no atrelamento escalar da regionalização é que "nível escalar" é sempre pensado em termos de uma lógica zonal de organização do espaço, isto é, que enfatiza recortes em termos

---

pois ele utiliza 'espaços de referência' diferentes de uma prancha à outra". O Atlas na íntegra encontra-se disponível *on line* em www.cosmovisions.com/atlasVL.htm

14 Em "O princípio da Geografia Geral", por exemplo, Vidal afirma que "A ideia de que a Terra é um todo, na qual as partes estão coordenadas, proporciona à Geografia um princípio de método (...). Se nada existe isoladamente no organismo terrestre, se em todo lugar repercutem as leis gerais (...), a tarefa do geógrafo toma um caráter diferente daquele que às vezes lhe é atribuído. Qualquer que seja a fração da Terra que estude, ele não pode nela se fechar. Um elemento geral [global, diríamos hoje] em todo estudo local. Não há de fato área em que a fisionomia não dependa de influências múltiplas e longínquas das quais importa determinar o local de origem." (Vidal de la Blache, 2002[1896]:135) Muito longe, portanto, do geógrafo "regional" de uma única escala, como muitas vezes Vidal foi acusado.

de superfícies ou áreas. Cada vez mais, entretanto, é necessário inserir na discussão sobre escalas (tomadas ou não como "regionais") a lógica reticular, isto é, pensar o regional também em termos de sua projeção escalar em rede, como propusemos aqui através da concepção de rede regional.

Regionalizar num mundo em globalização torna-se assim tarefa duplamente difícil em termos escalares: como se pode dividir, e dividir dentro de uma mesma escala, o que em tese está em crescente, imprevisível e rápido processo de des-conexão? O que propomos é que os processos de regionalização, primeiro, não podem ficar restritos ou presos a uma escala em particular e, segundo, eles devem ser propostos dentro de lógicas diferenciadas, tanto no sentido, mais radical, de sua reconfiguração, dependendo do contexto macrorregional a ser trabalhado (por exemplo, critérios distintos para a África subsaariana, a Índia ou a América Latina), quanto no sentido de que, mantidos os mesmos critérios, eles possam ser reconhecidos *através* de escalas distintas dependendo desses contextos. Assim, um mesmo processo socioespacial que se evidencia numa escala (cartográfica, neste caso) maior num contexto pode revelar-se numa escala diferente em outro, tornando ainda mais complexa a relação entre os níveis cartográfico e geográfico[15].

Mesmo que defendamos a concepção de região como um espaço dotado de articulação — funcional e/ou simbólica, devemos lembrar que nem mesmo nas mais tradicionais "regiões naturais" podemos concordar com a utilização de uma mesma escala para a regionalização de todo o espaço planetário. Dependendo das frações do espaço a serem abordadas, este se apresenta com um nível de articulação e complexidade de interações muito maior em

---

[15] De certo modo estamos tornando mais complexa a afirmação de Dias (2004) de que "no lugar de definir *a priori* o tamanho da região — do macro ao micro — podemos pensar em regiões com geometrias variáveis resultantes de novos arranjos institucionais e espaciais" (p. 170).

determinados contextos do que em outros, o que faz com que determinados recortes regionais sejam propostos a partir de critérios semelhantes, mas em escalas diferentes, ou seja, simplificadamente, não é a escala que faz a região, mas a regionalização (enquanto ação ao mesmo tempo concreta e abstrata de criação de regiões) que define a escala a ser priorizada. Definir *a priori* uma escala cartográfica como escala "regional" seria uma temeridade.

Todo esse debate sobre escala regional tem uma espécie de pano de fundo na discussão, já várias vezes aqui enunciada, entre construto intelectual e evidência prática, especialmente porque podemos perceber a regionalização, em certo sentido, como um simples processo de produção de "recortes escalares" ou analíticos no espaço geográfico. Tal como na discussão de Moore (2008) sobre escala, a região, mesmo quando concebida como simples recorte escalar, deve ser vista sempre em sua dupla condição de *arte-fato*, de artifício e fato, na medida em que seu referencial escalar, mais *ou* menos definido, é ao mesmo tempo um construto analítico para operacionalizar nossa investigação e uma categoria "da prática", o "regional", no mínimo, impregnando uma série de discursos regionais. E categoria "da prática" não apenas no âmbito mais estrito do senso comum, mas também, de alguma forma, retroalimentada por seu sentido pedagógico (via ensino escolar) e normativo (via gestão e/ou planejamento estatal).

3

Região numa "Constelação" de Conceitos: Espaço, Território e Região[1]

A partir de um entendimento mais claro das diferentes possibilidades de se trabalhar com o conceito de região e com processos de regionalização, é importante destacar sua relação com e seu grau de abrangência frente a outros conceitos, até porque, como já afirmamos, em determinado momento região se tornou o conceito mais pretensioso — ou mesmo paradigmático — dentro da Geografia e, talvez por isso mesmo, também aquele que algumas vezes é o mais nitidamente reconhecido como conceito geográfico por outros cientistas sociais.

Seja como instrumento analítico, pedagógico ou de ação/intervenção, o conceito de região encontra-se obrigatoriamente mergulhado na relação com outros conceitos, frente ou com os quais ele pode ser mais bem definido. Trata-se daquilo que Deleuze e Guattari (1992) denominam "constelação" de conceitos. Assim, dentro da constelação de conceitos em que se insere a

[1] Este capítulo foi construído a partir do desdobramento da primeira parte do artigo "Dilema de conceitos: espaço-território e contenção territorial" (Haesbaert, 2009).

região encontramos, sem sombra de dúvida como um de seus principais "satélites" (ou, ao contrário, para alguns, hoje, verdadeiro "planeta"... diante do qual ela gira), o conceito de território. Basta verificar a sobreposição dos dois conceitos, que na maior parte dos dicionários são tratados sempre, em algum momento, como sinônimos.

Por trás de conceitos como região e território, não podemos esquecer, entretanto, encontra-se nosso "conceito-mestre" ou, como preferimos, "categoria-chave", o espaço. Vale a pena retomar, então, a título praticamente conclusivo, o grande debate sobre o espaço enquanto categoria e sua relação com a "constelação" geográfica de conceitos, em especial os conceitos de região e território.

A princípio, é importante lembrar que o caráter fundamental dos conceitos não se encontra, a não ser numa posição estereotipada da lógica formal positivista, em sua distinção, na ênfase a sua separação frente a outros conceitos. A "identidade" de um conceito, um pouco como na própria construção de uma identidade social, não se define simplesmente pela concepção clara de um "outro" frente ao qual ele se impõe, mas pela própria definição que esse outro lhe concede — portanto, por sua imbricação. Isso significa que as "identidades" conceituais devem ser trabalhadas também *através* das fronteiras, no interior dessas delimitações que aparentemente separam, ou seja, também nos limiares, nas interfaces, nas interseções, sem o às vezes obsessivo estabelecimento de um recorte de delimitação estanque e bem definido.

Além disso, longe de ser visto como simples abstração, representação, generalização (condição fundamental, contudo, em nossas conceituações), um conceito é também, em si, uma realidade (um evento ou "acontecimento", diria de forma mais provocativa Gilles Deleuze) no sentido de que ele não simplesmente "traduz" ou "representa", como no positivismo clássico, mas, ao pretender "traduzir", "reproduzir" ou "re-apresentar", da mesma forma e concomitantemente produz realidades, ou seja, é também um instrumento de criação ou, como já dissemos, de *devir*, de abertura para a produção do novo.

Vide o que acontece com a região: produzir uma regionalização, definir regiões, não significa apenas a "aplicação" de um conceito a partir do "reconhecimento" de uma realidade, pois essas próprias delimitações acabam tendo "efeitos de verdade", de alguma forma entrando na composição da produção desse real que o conceito diz re-apresentar. Para alguns, como já ressaltamos, trata-se mesmo de uma realidade constantemente recriada, em complexa dinâmica de re-construção material-ideal.

Muitos autores falam do trabalho com sistemas ou com constelação de conceitos; do contrário, poderíamos até mesmo estar desconhecendo a própria multiplicidade do mundo (ou do espaço). Além disso, cada autor, especialmente aqueles que têm a pretensão de construir uma espécie de teoria geral ou um sistema dentro de uma disciplina, deve ter cada conceito proposto reconhecido sempre dentro desse amálgama, jamais podendo ser lido de forma isolada em relação aos demais. Assim, por exemplo, "cobrar" de um geógrafo como Milton Santos "outra" concepção de, digamos, "paisagem" pode significar quebrar toda uma cadeia de significados no interior da qual esse conceito está inserido e dentro da qual precisa ser lido. Dentro desse sistema, constelação ou família (ou, para os mais pretensiosos, "teoria") mais ampla é que o conceito adquire sua consistência, e não isoladamente. Eventuais controvérsias devem ser construídas a partir do conjunto; não em propostas conceituais dissociadas — que nunca, quando consistentes, são formuladas isoladamente por um autor.

Na ampla constelação de conceitos da Geografia, dois dos conceitos mais utilizados são, sem dúvida, o de região — majoritário na chamada Geografia Regional clássica — e o de território, dominante na atual Geografia latino-americana — ou, provavelmente, de uma forma mais ampla, nas geografias de línguas latinas, pois contextos como o francês e o italiano também têm sido bastante marcados por esse debate[2]. O que distingue, muitas vezes, um conceito de outro é simplesmente uma questão de foco, já que todos eles incidem, de uma forma ou de outra, sobre um mesmo universo — no caso da Geografia, a dimensão espacial da sociedade.

Se partirmos desse pressuposto, hoje, quase senso comum, de que a Geografia se define como a disciplina focalizada sobre a dimensão espacial da sociedade, seu conceito-mestre — ou, para nós, categoria, por sua maior amplitude — não é a região ou o território, mas o espaço. Só que as coisas nem sempre foram assim. Coube aos chamados geógrafos quantitativos ou neopositivistas esse alçar do espaço ao patamar de categoria ou conceito central da Geografia. Ainda que numa visão tantas vezes abstrata, idealista, pautada com frequência em modelos matemáticos, especialmente quando confrontado com o empirismo materialista presente em parte da Geografia mais tradicional que os antecedeu, esse espaço dos neopositivistas já incorporava, contudo, a ideia de relação, de movimento, de processo (de "rede", enfim), configurando assim, também, um "espaço relativo", pautado não no caráter absoluto de referências locacionais padronizadas, por exemplo, mas na relação entre objetos que, móveis, "relativizam" a própria noção absoluta de distância e de movimento.

Foi principalmente na passagem para uma Geografia "radical" ou "crítica" de fundamentação marxista que se acrescentou a essa leitura absoluta e relativa do espaço uma outra, mais complexa e que foi definida por Harvey (o mesmo autor que, em *Explanation in Geography,* tanto enfatizou o duo absoluto-relativo) como "relacional". Segundo Harvey,

> *Se tomarmos o espaço como absoluto, ele se torna uma "coisa em si mesma" com uma existência independente da matéria. Ele possui então uma estrutura que podemos utilizar para*

---

[2] Para a contribuição italiana ao debate sobre território, ver Saquet, 2006.

classificar ou para individualizar fenômenos. A caracterização de um espaço relativo propõe que ele deve ser entendido como uma relação entre objetos, a qual existe somente porque os objetos existem e se relacionam. Há outra acepção segundo a qual o espaço pode ser tomado como relativo, e proponho chamá-lo espaço relacional — espaço tomado, à maneira de Leibniz, como estando contido em *objetos, no sentido de que um objeto existe somente na medida em que contém e representa dentro de si próprio as relações com outros objetos*[3]. (1980:4-5, grifo do autor).

Mais importante do que essa distinção, contudo, é perceber que "o espaço não é nem absoluto, relativo ou relacional *em si mesmo*, mas pode transformar-se em um ou ['e/ou', poderíamos acrescentar] outro, dependendo das circunstâncias" (Harvey, 1980:5). Em trabalho recente, retomando essas questões, o autor propõe "manter os três conceitos em tensão dialética um com o outro e pensar constantemente através da interação entre eles" (Harvey, 2006a:276), pois "estamos inexoravelmente situados nas três estruturas em simultâneo, embora não necessariamente da mesma forma" (p. 277, tradução livre).

Em quadro um pouco mais complexo, Harvey (2006a e 2006b) propôs "ajustar" sua matriz dos espaços absoluto, relativo e relacional aos três "momentos" do espaço de Lefebvre — os espaços "percebido", "concebido" e "vivido"[4], resultando, então, a "matriz de significados" espaciais sintetizada no Quadro 3, a seguir.

---

[3] É importante lembrar que Harvey, ao trabalhar com a visão de espaço de Leibniz, implicitamente está incorporando também sua hábil distinção entre espaço como a ordem das coisas em sua coexistência/simultaneidade e tempo como a ordem das coisas em sua sucessão.

[4] Harvey (2006a e 2006b) utiliza os termos "material", "conceitual" e "vivida" para essas três dimensões do espaço. Para Lefebvre, "práticas espaciais" envolvem produção e reprodução, realidade cotidiana,

Quadro 3. Matriz de significações possíveis para o espaço

	Espaço Material ou da Experiência (Percebido)	**Representação do Espaço ou Espaço Conceitualizado (Concebido)**	**Espaços de Representação ou Espaço Vivido**
Espaço absoluto	Corpos físicos (dos muros às cidades e aos continentes)	Mapas cadastrais e administrativos Metáforas de confinamento Newton, Descartes	Sentimentos de satisfação, de medo, de insegurança em relação a certos espaços
Espaço(-tempo) relativo	Circulação e fluxos de vários tipos; aceleração e desaceleração com a fricção da distância	Mapas temáticos e topológicos Metáforas de mobilidade e deslocamento Eisntein, Reimann	Tensões ou divertimentos vinculados à compressão do espaço-tempo ou à velocidade, frustração num congestionamento
Espaço(-tempo) relacional	Fluxos e campos de energia eletromagnéticos, relações sociais, sons, odores e sensações proporcionados pela brisa	Ciberespaço Metáforas de internalização de forças e poderes (comando e controle muito difíceis). Leibniz, Whitehead, Deleuze, Benjamin	Visões, fantasias, desejos, memórias, sonhos, estados psíquicos (ex. agorafobia, vertigem, claustrofobia)

FONTES: Harvey, 2006a:282 e 2006b:135, adaptadas.

---

certa "competência" e "*performance*"; "representações do espaço" ligam-se ao espaço instrumental, dos cientistas e planejadores, enquanto os "espaços de representação" significariam "o espaço vivido através das imagens e dos símbolos que o acompanham" (Lefebvre, 1986:49).

Trata-se de uma matriz instigante, embora discutível em alguns pontos. Por exemplo, poderiam as concepções gerais de espaço absoluto, relativo e relacional (em nosso ponto de vista situadas em outro nível de análise, mais geral e abstrato) ser simplesmente equiparáveis às dimensões — por isso mesmo concomitantes e indissociáveis — "percebida", "concebida" e "vivida" do espaço? Não fica claro, assim, no quadro, até que ponto uma dessas dimensões é — ou mesmo deve ser — priorizada, dependendo da concepção geral de espaço a que estamos nos referindo.

Lefebvre parece implicitamente indicar que a grande questão seria qual das três dimensões identificadas é privilegiada em cada perspectiva, e não essa espécie de caracterização "igualitária" — equitativamente distribuída — proposta por Harvey. Enquanto concepções universais de espaço, os espaços absoluto, relativo e relacional, sem dúvida, implicam todas as dimensões identificadas por Lefebvre[5], mas em combinações bastante diferenciadas, combinações essas que, como reconhece o próprio Harvey, a forma de representação "autoconfinada a um espaço absoluto" de sua matriz não consegue contemplar.

Seria importante, também, destacar — ou pelo menos reconhecer (o que não é feito por Harvey) — que Lefebvre trabalha com outra concepção, por exemplo, de espaço absoluto. Ele contrapõe espaço absoluto a espaço abstrato, numa leitura muito própria de "espaço absoluto". Assim, absoluto é o espaço que conjuga todas aquelas dimensões, sem separá-las, e sob o domínio do espaço vivido, com profundo valor simbólico, como predominava

[5] Como diz Lefebvre: "*O conceito de espaço não é o espaço*. Da mesma forma, o conceito de tempo não é um tempo dentro do tempo (...) O conceito de espaço não tem por conteúdo o espaço absoluto (em si); ele tampouco contém em si um espaço (...) O conceito de espaço denota e conota todos os espaços possíveis, abstratos ou "reais", mentais e sociais. Entre outros, ele contém estes dois aspectos: o espaço de representação — a representação do espaço" (1986:345, grifo do autor; tradução livre).

aproximadamente até o Império Romano. Já no espaço abstrato, dominante no mundo moderno-capitalista, aquelas dimensões se separam, sob domínio do funcional ou do instrumental, ou seja, das práticas espaciais, do espaço concebido. A "matriz igualitária" proposta por Harvey não permite essa ênfase diferenciada de dimensões (das práticas e das representações) — muito menos suas diferentes combinações[6] — conforme a concepção mais geral de espaço a que estivermos nos referindo.

Todo esse debate é de particular relevância para nosso raciocínio, aqui, posto que iremos admitir que a própria construção da "região" e do "território" adquire feições diversas de acordo com a espacialidade à qual aparece prioritariamente vinculada, em suas múltiplas dimensões (nesse entrecruzamento entre o vivido, o percebido, o concebido, e o absoluto, o relativo e o relacional).

3.1. O espaço e o território

É preciso, de saída, e ainda que de forma bastante geral, esclarecer em que medida espaço e território, embora muito frequentemente utilizados como sinônimos, devem ser tratados como concepções distintas, sobretudo quando da referência à dimensão geográfica dos fenômenos sociais por outras disciplinas que não

---

[6] Muitas dessas restrições, entretanto, especialmente aquela referente às distintas combinações, são reconhecidas pelo próprio autor, ao admitir que "por definição (...) a matriz que estabeleci e o modo com que posso utilizá-la têm poder de revelação limitado. Mas, reconhecido tudo isso, julgo útil considerar as combinações que surgem de diferentes interseções no interior da matriz. A virtude da representação no espaço absoluto é que ela nos permite individualizar fenômenos com grande clareza. E com um pouco de imaginação é possível pensar dialeticamente [e também em sua ambivalência, deveríamos acrescentar] através dos elementos no interior da matriz de modo a que cada momento é imaginado como uma relação interna de todos os outros" (Harvey, 2006a: 281, tradução livre).

a Geografia. Provavelmente a distinção mais conhecida (e citada) é a de Raffestin (1993), para quem o espaço está mais próximo de uma "noção" e o território de um "conceito" — "que permite uma formalização e/ou uma quantificação mais precisa".

Para Raffestin, espaço e território não são equivalentes, e o primeiro antecede o segundo. O território resulta de "uma ação conduzida por um ator sintagmático (que realiza um programa) em qualquer nível" (e não somente o estatal) (1993:143). A "territorialização" do espaço ocorre pelos processos de "apropriação", seja ela concreta ou simbólica (pela representação, por exemplo). Da "prisão original" que é o espaço, o homem passaria à "prisão construída" por seu próprio trabalho e pelas relações de poder que o acompanham. Numa visão materialista, "o espaço é, de certa forma, 'dado' como se fosse uma matéria-prima", "a realidade material preexistente a qualquer conhecimento e a qualquer prática" (Raffestin, 1993:144).

Ao afirmar que "o território se apoia no espaço, mas não é o espaço; é uma produção, a partir do espaço" (1993:144), Raffestin, pelo menos nesse momento, acaba se confundindo na própria alusão que faz a Lefebvre, como se este também partilhasse dessa "passagem" do espaço ao território. Ao contrário, para Lefebvre (1986) o espaço também — e sobretudo — é produzido socialmente, não se tratando em hipótese alguma de um *a priori* (neste caso, numa leitura materialista, uma espécie de "primeira natureza") sobre o qual reproduzimos nosso trabalho e exercemos poder. O território, contudo, tal como fica implícito em certas passagens do autor, e aí estamos de acordo, privilegiaria a dimensão política (sobretudo a estatal) desse espaço socialmente produzido.

Para alguns neokantianos o espaço seria também um *a priori*, mas um *a priori* abstrato (não a "realidade material preexistente", como em Raffestin), arcabouço intelectual — ou melhor, "intuitivo" — indispensável para o entendimento das relações sociais concretas —, estas, sim, realizando então processos de "regionalização" (Werlen, 2002) ou, em termos correlatos, de "territorialização".

Na verdade, não se trata, evidentemente, de distinguir de maneira clara ou mesmo rígida espaço de território. Embora não equivalentes, como se referiu Raffestin, espaço e território nunca poderão ser separados, já que sem espaço não há território — o espaço não como outro tipo de "recorte" ou "objeto empírico" (tal como na noção de "matéria-prima preexistente" ainda não apropriada) mas, em caráter também epistemológico, como outro nível de reflexão ou "outro olhar", mais amplo, cuja problemática específica se confunde com uma das dimensões fundamentais da sociedade, a dimensão espacial. Ao território caberia, dentro dessa dimensão, a focalização na espacialidade das relações de poder.

Talvez pudéssemos afirmar, de maneira mais simples, que assim como o espaço é a expressão de uma dimensão da sociedade, em sentido amplo, priorizando os processos em sua extensão e coexistência/simultaneidade (incorporando aí, obviamente, a própria transformação da natureza[7]), o território se define mais estritamente a partir de uma abordagem sobre o espaço que prioriza ou que coloca seu foco, no interior dessa dimensão espacial, n-a "dimensão", ou melhor, n-as problemáticas de caráter político ou que envolvem a manifestação/realização das relações de poder, em suas múltiplas esferas. Como já afirmamos,

> *... o território pode ser concebido a partir da imbricação de múltiplas relações de poder, do poder mais material das relações econômico-políticas ao poder mais simbólico das relações de ordem mais estritamente cultural* (Haesbaert, 2004a:79).

---

7 A esse respeito, ver por ex. Massey, 2008, especialmente o Cap. 12.

Na verdade, para sermos mais rigorosos, não se trataria do "poder mais material" mas dos efeitos sobretudo de natureza material do poder, já que não se aborda aqui poder como "objeto" ou "coisa", mas em seu sentido relacional, geograficamente apreendido a partir das formas com que é exercido e que ele produz e/ou através das quais é produzido.

Como já focalizado em outros trabalhos (ver especialmente Haesbaert, 2004a e 2007b), tomamos como referência nesse debate a ideia de um *continuum* de articulação territorial desde os territórios — ou, para sermos mais precisos, os processos de territorialização — com maior carga funcional (e "material", poderíamos acrescentar) até aqueles com maior carga simbólica, sem perder o foco sobre as relações de poder. Considerando os dois extremos (que, se existissem de forma separada, o seriam apenas enquanto "tipos ideais"), diríamos que não é possível conceber territórios puramente funcionais (já que sempre, por menos evidente que seja, estará neles contida uma dimensão simbólica, um processo de significação), nem territórios puramente simbólicos (neste caso, alguma referência a um espaço material deverá estar presente).

Propomos, nesse caso, trabalhar com o termo "territorialidade" em seu sentido mais amplo — já que não se trata, obrigatoriamente, da territorialização manifestada de modo concreto. O que não quer dizer que ela seja menos importante, pois dependendo do contexto essas significações construídas por referência a um espaço, ainda que simbólico e/ou historicamente datado, como no caso de muitas comunidades judaicas, pode ser fundamental na constituição do grupo social. Embora todo território tenha uma territorialidade (tanto no sentido abstrato e/ou epistemológico de "qualidade ou condição de ser território" quanto no de sua dimensão real-simbólica), nem toda territorialidade — e o mesmo dir-se-ia da espacialidade — possui um território (no sentido de sua efetiva realização material).

Mesmo no caso prototípico da "Terra Prometida" judaica, ainda que o espaço de referência identitária (uma territorialidade no sentido de um processo social de significação e "controle simbólico" sobre um espaço) não tivesse correspondência direta com um efetivo movimento de territorialização, muitos processos concretos de territorialização acabariam se desencadeando — em nível local, por exemplo, com bairros e ruas judeus — pautados, em parte, nessa referência simbólica à Terra Prometida.

Ainda que toda territorialização se defina conjugando processos mais concreto-funcionais (em que predominam dinâmicas de "dominação", seguindo de forma genérica a proposição de Lefebvre para a produção do espaço) e simbólico-identitários (mais evidentes em processos ditos de "apropriação"), ou seja, seu espaço incorpora sempre, de alguma forma, uma dimensão simbólica, nem todo território necessita ter clara e preponderante "carga simbólico-identitária" em sua constituição. Aliás, talvez devêssemos mesmo reconhecer, a maior parte dos processos de territorialização, dentro da lógica capitalista, prioriza as problemáticas materiais-funcionais (de "dominação") do território, ainda que hoje, numa "sociedade do espetáculo", cada vez mais permeadas de valorização simbólica. Por isso, alguns autores, radicalizando essa ideia, associam claramente o território ao campo das práticas (ou dos "usos") sociais.

Trata-se, muitas vezes, é verdade, de tentativas de funcionalização extrema dos espaços, como no mote modernista da forma seguindo estritamente a função. Mas toda segmentação/delimitação territorial para controle de dinâmicas sociais pelo controle do espaço vem sempre, obrigatoriamente, acompanhada de diferentes sentidos/significações a partir de apropriações simbólicas distintas, dependendo do grupo ou classe social em jogo.

Assim como a concepção de espaço lefebvreana se modifica a partir de sua contextualização histórica e geográfica, o mesmo ocorre com os processos efetivos de territorialização a partir do binômio espaço-poder. E como "é na prática humana em relação ao espaço" que, na visão materialista de Harvey, é resolvida a questão filosófica sobre a "natureza" do espaço, acreditamos também, e com mais razão ainda, que é através das problemáticas efetivas envolvidas nos processos de territorialização (ao mesmo tempo materiais e simbólicos) que podemos compreender — e, minimamente, definir — não exatamente "o que é" o território, mas dilemas/ações que, em/através de seu nome, são empreendidos.

Por isso, e para ser coerente com nossa discussão anterior sobre a natureza dos conceitos, não se trata de simplesmente traduzir "o que é" o território — ou a região —, trata-se também de discutir seu uso como "categoria da prática" e seu *devir,* isto é, em que problemáticas nos envolvemos e o que efetivamente fazemos ao acionar e/ou ao produzir nossas concepções de território — e região — sempre em aberto, portanto, para sua própria reavaliação/renovação. É nesse sentido, também, que, dentro dessa "constelação" mais ampla espaço-território-região, devemos agora encaminhar o debate sobre a relação, mais específica, entre a dupla de conceitos território e região.

3.2. O território e a região

Alguns conceitos podem adquirir ao longo de sua trajetória, como já vimos para o caso da região, uma conotação mais instrumental ou analítica e menos realista ou ligada às práticas sociais enquanto "fato". Outros parecem nascer e ser reconstruídos com forte conotação realista, posto que se ligam não prioritariamente à resolução de questões teóricas, epistemológicas, mas a questões envolvendo mais diretamente fenômenos ou manifestações concretas, ditas, por muitos, "reais". É o que muitas vezes parece ocorrer na Geografia com relação ao conceito de território e sua vinculação ao tratamento de problemáticas que envolvem as relações entre espaço e poder, quer dizer, a dimensão política da sociedade em sua composição espacial ou geográfica.

Essa distinção fica evidente quando verificamos os usos predominantes dos termos "territorialização" e "regionalização":

enquanto o primeiro tende a ser dirigido sempre mais para o campo das práticas e dos sujeitos sociais em sua esfera concreta de produção do espaço, o segundo tem muito mais trânsito no sentido epistemológico, enquanto princípio de "recorte analítico" do espaço através de determinados critérios propostos pelo investigador — ou, no caso do planejamento estatal, pelo planejador.

Mesmo uma concepção aparentemente tão ampla como a de território acaba, como já vimos, por privilegiar um foco ou, neste caso, questões atinentes a uma dimensão social, geralmente a dimensão política (isso fica muito claro em propostas como as de Raffestin, 1980, Sack, 1986 e Souza, 1995). Outros conceitos tradicionais na linguagem geográfica, como paisagem e lugar, por sua vez, aparecem com relativa frequência vinculados à dimensão simbólico-cultural, ou seja, acabam por centrar seu foco nas relações sociedade-espaço pelo viés da cultura ou de um campo mais subjetivo e/ou simbólico, como o das representações e das identidades sociais.

E com respeito à região, qual seria seu *foco* conceitual? Ficou claro ao longo deste trabalho que duas grandes possibilidades se colocam: tratar a região como uma resposta a questões de ordem epistemológica, enquanto instrumento de análise, ou tratá-la dentro de uma composição entre categoria de análise e categoria da prática, isto é, em outras palavras, entre recurso analítico e evidência concreta, entre artifício e fato, enquanto "arte-fato". Se dissemos que o foco nas relações entre espaço e poder, mesmo historicamente, ao longo da construção da disciplina geográfica, está intimamente ligado ao conceito de território, não seria pertinente afirmar o mesmo sobre a região. Ainda assim, deve-se ponderar, alguns poderiam alegar seu papel fundamentalmente político a partir da correspondência com a própria origem etimológica (de *regere*, que significa, como vimos, "dominar, comandar, reger") e seu reconhecido papel no âmbito institucional a partir da formação dos Estados-nações modernos e a questão da descentralização "regional". Nesse caso ela poderia ser vista como uma das expressões possíveis do território.

A região, adquirindo foco conceitual próprio, responderia *não somente* por questões analítico-metodológicas, mas também por questões da ordem das práticas efetivas de diferenciação do espaço. A regionalização, ao propor identificar parcelas do espaço articuladas ou dotadas de relativa coerência que sirvam como instrumento para nossas pesquisas, revela ao mesmo tempo articulações ligadas, indissociavelmente, à ação concreta de controle, produção e significação do espaço pelos sujeitos sociais que as constroem, no entrecruzamento entre múltiplas dimensões (econômica, política, cultural...) — ainda que uma delas, variável de acordo com o contexto geográfico e histórico, se possa impor e, de algum modo, "amalgamar" as demais.

Vejamos, agora, algumas manifestações possíveis dessa polêmica relação teórica entre diferentes concepções de região e território. Antes de mais nada devemos reconhecer, obviamente, que elas são distintas em função das bases filosóficas e, diríamos, também do contexto geo-histórico em que o pesquisador está inserido. Isso, sobretudo, para não ficarmos com uma noção universal-totalizante de território e região, como se os conceitos não mudassem seus conteúdos de acordo com o tempo, a contextualização histórica e, devemos acrescentar, muitas vezes também com o espaço, o contexto geográfico de que se originam e/ou ao qual estão referidos.

Algumas dessas possibilidades de (in)distinção e amálgama podem ser analisadas partindo de um elenco relativamente vasto de proposições, de diversos pesquisadores e filiações teóricas, dentro e também fora da Geografia. Podemos de forma mais genérica agrupá-las em duas grandes tendências: perspectivas dissociativas, em que ou um conceito aparece claramente separado do outro, ou o substitui, praticamente o suprimindo; e perspectivas integradoras, seja de modo "inclusivo", considerando um conceito no interior do outro (questão que pode ser também de escala), seja do modo que aqui propomos denominar "focal", em que o que define um conceito é seu foco de abordagem, e não o objeto (empírico ou teórico) em si.

Perspectivas dissociativas

Podem ser encaradas de duas formas: uma em que ambos, território e região, são tomados enquanto "categorias da prática", distinguindo-se por referências empíricas distintas, seja em relação a "objetos", seja em relação a processos ou ações; outra em que a região pode ser reduzida a uma categoria de análise enquanto o território é visto, sobretudo, como categoria da prática, especialmente por seu uso, também, no senso comum.

Na visão dissociativa, aqueles a que poderiamos denominar "separatistas" radicalizam em suas concepções diferenciadoras, tanto num sentido mais realista quanto mais idealista. No primeiro caso, propõe-se uma espécie de recorte empírico claramente distinto, como os que trabalham o território quase exclusivamente em sua dimensão política, ligado sobretudo às práticas do sujeito-Estado, e a região em sua dimensão econômico-funcional (como na chamada Economia Regional [ou mesmo na "ciência regional"] através do conceito clássico de região funcional ou polarizada), priorizando, digamos, o sujeito-empresa. No segundo caso, pode-se delegar uma abordagem puramente instrumental-racionalista para a região, vista como "recorte espacial", analítico, variável conforme os propósitos do pesquisador, e uma leitura mais realista para o território, enquanto espaço construído basicamente através das relações ou práticas sociais de poder.

A essa separação bastante clara, às vezes até rígida, segue-se também a posição que denominamos substitutiva, onde um conceito adquire tamanha importância, que acaba praticamente por tomar o lugar do outro, em muitos casos até mesmo o suprimindo. É o caso da região em grande parte da chamada Geografia

Regional clássica, na primeira metade do século XX, quando em muitos contextos geográficos a utilização do conceito de território praticamente inexiste ou simplesmente desaparece. Mesmo em seu sentido mais tradicional, o território político-estatal, ele pode diluir-se enquanto um tipo específico de região, as regiões de cunho político-administrativo.

De certa maneira nas últimas décadas do século XX, ao contrário, em alguns contextos, especialmente nas geografias dos países de línguas latinas, a região quase desaparece frente à dominância do conceito de território — que por vezes assume, aliás, a antiga noção de região como espaço "integrador" ou "síntese" de múltiplas dimensões, em sentido amplo. É o caso da geógrafa francesa Christine Chivallon (1999), ao definir o território a partir de nossa "experiência total" do espaço. É interessante ressaltar que a região chegou a ser considerada espaço por excelência da "totalidade" também por alguns geógrafos marxistas.[8]

Posição substitutiva também se passaria em abordagens mais ligadas à Geografia Cultural de raízes humanistas ou fenomenológicas, como entre aqueles, poucos, que privilegiam uma concepção cultural-simbólica de território (como Bonnemaison e Cambrèzy, 1996) e aqueles, em número um pouco maior, que concebem a região sobretudo como "espaço vivido" ou a partir de sua constituição identitária.

Perspectivas associativas

Denominamos perspectivas associativas — ou, em alguns casos, integradoras — entre os conceitos de território e região

[8] Como Silva (1978), ao definir a região como "unidade e totalidade singular, componente do espaço geográfico" (p. 83), e Duarte (1983), ao considerar, de forma bastante questionável, que os únicos espaços que representam uma totalidade social são as formações "regionais" e as "gerais" (os Estados-nações).

aquelas em que não só não há clara separação entre eles como também não se incorre em verdadeira diluição dos conceitos um em relação ao outro. Pode até ocorrer que um seja concebido como estando "no interior" do outro, mas não a ponto de o diluir e sim de vê-los, também, de alguma forma, integrados.

Alguns autores irão propor, por exemplo, a região como um conceito mais amplo do que território, englobando-o, uma vez que o espaço regional, epistemologicamente falando, envolve recortar o espaço em unidades coerentes segundo múltiplos critérios. Quando nos restringimos a critérios de ordem política, o recorte daí advindo compreende então um território.

Um pouco mais complexa, mas muito próxima dessa perspectiva, é a proposta hoje clássica de Robert Sack (1986). Apesar de ele não reduzir o território a entidades político-administrativas, pois, de maneira mais ampla, reconhece em todo controle espacial do acesso uma forma de territorialidade, região acaba sendo conceito em parte mais amplo e em parte separado de território, pois um espaço regional só se torna território se existe alguma forma de "controle da acessibilidade"; ele cita o Cinturão do Milho ou Corn Belt nos EUA e afirma que pode ser uma região, mas não um território — região porque tem uso e configuração específicos, diferenciados, mas não território, porque nenhum processo é efetivamente controlado em relação direta com essa área —, o que pode acontecer, por exemplo, se os produtores de milho reivindicarem uma política exclusiva de subsídios para sua região.

Também a essa perspectiva do território "inserido" ou como componente da região — e da regionalização — creditamos posições que, como a de Lévy (1992), definem o território a partir da métrica espacial "topográfica", frente à métrica "topológica" das redes. Por extensão, e como já propusemos aqui, podemos deduzir que esses dois padrões, que denominamos lógicas zonal e reticular, embora em composições diversas, são componentes indissociáveis na organização de qualquer espaço regional e/ou devem ser considerados em qualquer processo de regionalização.

Essa leitura se aproxima daquela, em nosso entender ainda mais dicotomizadora, manifestada recentemente, em especial a partir de um artigo de Ash Amin (2004), em que se contrapõe um "regionalismo territorial", localista e em zonas delimitadas ("topográfico", poderíamos dizer), e um "regionalismo relacional", topológico e reticular, como se o "territorial" fosse apenas do âmbito do absoluto, das jurisdições rigidamente delimitadas e do local. Trata-se do enfoque "radicalmente" relacional advogado pela "gramática regional relacional" desdobrada por MacLeod e Jones (2007), com base em outros autores e trabalhos publicados na última década.

Embora mais raras, encontramos também algumas posições que podem defender uma concepção de território mais ampla do que região. Numa primeira perspectiva, de natureza política, aborda-se o território como o espaço de jurisdição do Estado-nação ou, mais amplamente, como qualquer espaço sobre o qual se exerce alguma espécie de domínio, e a região como uma das escalas estratégicas deste domínio, sobretudo aquela que se define frente ao poder central do Estado (como no caso dos regionalismos)[9]. Em outra perspectiva, de um ponto de vista cultural, trata-se o território como um espaço de identidade em sentido amplo e a

[9] Essa parece ser a posição de Gomes ao definir território, inspirado explicitamente em Robert Sack, como "a forma espacial instrumentalizada como forma de poder, pelo domínio sobre a distribuição ou simplesmente pelo controle de objetos espacializados" (2008:38), e ao sugerir que, entre os "elementos que devem fazer parte de uma nova definição de região", estão "uma reflexão política de base territorial", "comunidades de interesse identificadas a uma certa área" e "os limites da autonomia frente a um poder central" (1995:73), elementos, por outro lado, bastante próximos daqueles que destacamos na conceituação de região, já aqui citada (Haesbaert, 1988), ao enfatizar sua dimensão político-identitária e a bandeira autonomista/regionalista dos principais grupos sociais que a organizam.

região como uma de suas manifestações, sempre no nível infranacional ou por referência ao Estado-nação. Nesse caso também a questão da escala (geográfica e não simplesmente cartográfica) se torna um diferencial relevante, colocada sempre frente à centralidade do poder do Estado.

Outra perspectiva "integradora" e que privilegiamos neste trabalho é aquela que denominamos perspectiva "focal". Falar em uma abordagem focal, aqui, tem uma grande vantagem. Significa não dicotomizar nossa interpretação em termos de "categoria da prática" e "categoria de análise", na medida em que não se trata apenas de um objeto empiricamente definido ou construído, no campo das práticas sociais e/ou do senso comum, nem simplesmente de um ângulo de abordagem teórico-metodológico. Ao "focarmos" algo estamos ao mesmo tempo realizando uma espécie de recorte do real e definindo um campo específico de leitura, sob um determinado olhar no sentido epistêmico, de posição de sujeito.

A ideia de foco conceitual é interessante porque ela permite reconhecer que o conceito evidencia certas relações, concentra seu foco sobre elas, ao mesmo tempo que deixa outras "fora de foco", mas nem por isso, em hipótese alguma, nega ou ignora sua presença. Neste caso, não é possível distinguir claramente, também, sujeito "focalizador" e objeto "focalizado" — cada um tem seu papel no conjunto integrado da dinâmica de "visualização", ou seja, participa relacionalmente do processo comum de construção do conhecimento. É justamente quando dissociamos radicalmente essas perspectivas que encontramos as maiores dificuldades para trabalhar com território e região dentro daquilo que denominamos, inspirados em Deleuze, uma constelação de conceitos.

Assim, dentro da constelação aqui proposta para, ao mesmo tempo, associar e diferenciar os conceitos de território e de região, devemos ter muito claro o pano de fundo teórico-filosófico a ser privilegiado. Retomando a discussão até aqui encaminhada, não se trata, obviamente, de assumir uma postura empirista, positivista clássica, que distingue conceitos a partir de um simples recorte empírico, de um realismo simplista, como se o conceito revelasse uma realidade dada ou mesmo fosse capaz de "refleti-la". Nem, ao contrário, de investir numa posição racionalista que impõe de tal forma nossas concepções teóricas sobre o "real" que este acaba por desaparecer, subordinado à força lógico-idealista de nossos conceitos-modelos.

Como estabelece Goldman para outro conceito:

> *... afirmar que é ... um conceito, ou seja, que não é nem um dado empírico inerte nem uma metáfora, não significa dizer que a noção seja "ideal", pois não se trata de idealismo, mas de construtivismo. Significa na verdade, na tradição que vai de Marx a Deleuze e Guattari, que o conceito (...) tem que ser construído, e que essa construção deve ser efetuada em função de eventos históricos* [e geográficos] *e "em função de problemas que se considera mal vistos ou mal colocados". Porque ainda que o conceito ocupe um plano distinto daquele das sensações ou das percepções, ele deve, não obstante, ser capaz de fazer perceber e sentir o mundo de outra forma.* (Goldman, 2003:8)

O "real", como já destacamos, é também, sempre, uma construção, mas não apenas uma construção discursiva, mental, mergulhado que está dentro desse jogo indissociável entre os campos ideal e material, subjetivo e objetivo. Em sua complexidade, este real se apresenta como um conjunto ao mesmo tempo contraditório e ambivalente de processos sociais, de práticas materiais e imateriais, numa espécie de agenciamento, como diria Deleuze, entre corpos e enunciados, vida material e discursiva, sem que um tenha, *a priori* e obrigatoriamente, preponderância sobre o outro.

Mesmo se, como fazem muitos autores, reconhecermos que a região está *mais* ligada a um instrumento de análise, no campo metodológico, e o território *mais* ao campo das práticas sociais efetivas, nenhum deles, de forma alguma pode ser reduzido a essas dimensões, como se, radicalizando, um se restringisse a mera "categoria de análise", o outro a simples "categoria da prática" (ou, em termos mais controversos, "do real"). O que define cada conceito, em primeiro lugar, é a problemática à qual ele está ligado: a região respondendo *também* a uma questão de ordem teórico-metodológica, a análise da organização e diferenciação do espaço geográfico (e seu "recortamento"), mas que inclui, obviamente, a própria natureza prática dessa articulação/diferenciação, esteja ela ligada a fenômenos como a divisão espacial (inter-regional) do trabalho, os regionalismos ou as identidades regionais; o território, por sua vez, dirigido à questão das relações entre espaço e poder (se quisermos, um dos elementos centrais para aquela "diferenciação e articulação" regional), em suas diversas manifestações (desde o poder em seus efeitos mais concretos até suas manifestações mais simbólicas).

Na distinção "focal" entre os dois conceitos devemos perceber que, enquanto território tem seu foco principal no campo das práticas e das práticas — ou, se quisermos, das articulações espaciais — de poder, a região tem seu foco, mais amplo, nos processos gerais de articulação, diferenciação e "recortamento" do espaço, o que implica trabalhar no entrecruzamento — ou no limiar — entre diferenciação como construção social efetiva e como recorte espacial classificatório/analítico. Ainda que permaneçamos restritos à região como instrumento de análise, contudo, não podemos esquecer que o modo como regionalizamos/recortamos o espaço tem profundas implicações nas relações de poder que exercemos sobre outros.

Por fim, e de maneira agora óbvia, o que permite conceber o grau de distinção, ou melhor, a forma de relação entre dois conceitos como território e região é a perspectiva teórica em que eles se inserem, dentro daquilo que denominamos uma constelação de conceitos filosoficamente coerente. Na nossa proposta de constelação conceitual, que tenta superar o tratamento dual (sem, entretanto, ignorar a distinção) entre os campos empírico e racional ou, em uma perspectiva mais ontológica, material e ideal, a região não estaria no mesmo patamar de conceitos como território, lugar e paisagem, mas numa situação intermediária entre a grande categoria mestre, o espaço, e esses conceitos mais diretamente vinculados ao mundo das práticas — sejam elas políticas, econômicas e/ou culturais (ou, se quisermos, de modo mais estrito: o território e as relações de poder, o lugar e a experiência vivida, a paisagem e o campo das representações). Daí seu vínculo, tantas vezes já aqui enfatizado, entre instrumento de análise e campo das práticas sociais efetivas que moldam a diferenciação do espaço — hoje dada muito mais pelas suas distintas formas de des-articulação, problemática fundamental a ser por ela respondida.

Cabe, assim, a cada investigador, diante da problemática que pretende dar conta em uma pesquisa, optar pelo melhor sistema teórico-conceitual, consciente das implicações deste na inter-relação (ou dissociação, dependendo da abordagem) dos conceitos — como, neste caso, região e território. Esperamos com este breve "mapeamento" ter contribuído com algumas pistas para essa escolha.

Considerações Finais

(...) Geografia Regional é essencial à prática de produzir Geografia Humana. Ela propõe questões acerca do mundo em que vivemos de uma maneira importante porque é contextual (...) O contextual não pode ser varrido para debaixo do tapete por grandiosas teorias sociais, pois ele permanece onde realmente vivemos. É [citando vários autores] a margem que constitui o centro.

(Thrift, 1996[1994]:242)

Mesmo que alguns até admitam ignorar a região como um dos "conceitos-chave" da Geografia (como na coletânea organizada por Holloway et al., 2003[1]), as questões básicas envolvendo o debate sobre a regionalização, quais sejam, a diferenciação (mais concreta) e o "recortamento" (analítico) do espaço, continuam firmes. Se a região e a regionalização não desapareceram, não é somente porque a diferenciação e/ou a "desequalização" do mundo continuam fortes, mas também porque, numa visão mais integrada e vivida e não simplesmente funcional e classificatória de região, continuam vivos os movimentos, as identidades, as representações e as políticas ditas regionais. A pretensa unidade planetária não só está longe de ocorrer, fato evidente através das

[1] Nessa obra são trabalhados como "conceitos-chave" da Geografia: espaço, tempo, lugar, escala, formação social, paisagem e meio ambiente.

diversas formas de "fragmentação" (Haesbaert, 1998a[2]), como nem mesmo, no sentido de homogeneização, ela seria defensável, dada a participação imprescindível das diferenças na construção do devir, isto é, na própria construção do novo.

Partindo do pressuposto, reiteradamente aqui enfatizado, de que antes de definir ou mesmo de optar por um conceito é fundamental explicitar a questão ou a problemática com que estamos envolvidos, não há dúvida de que muitas são as questões que permanecem — ou mesmo se reforçam — implicadas, de algum modo, no chamado debate regional, dentro e fora da Geografia. De uma forma ampla, podemos considerar como algumas das questões que, em continuidade ou ruptura com o passado, continuarão pautando o debate regional nas próximas décadas:

— o revigorar de regionalismos e identidades regionais, especialmente diante da reconfiguração do papel do Estado e das contradições da globalização — e com eles, ainda, o reforço da dimensão simbólica ou das representações regionais, ainda que relacionadas, também, a um "marketing" (turístico ou, em sentido mais amplo, mercadológico) das regiões;
— o fortalecimento das questões ambientais e do chamado biopoder, que leva a inserir no próprio discurso regionalista dilemas ligados, por exemplo, à autossuficiência alimentar, à biodiversidade (de base "regional") e aos recursos naturais em sentido mais amplo (incluindo a questão da água);
— o papel da descentralização e desconcentração regional do poder político e econômico, diante de fluxos econômicos

2 Nessa abordagem, é importante ressaltar, trabalhamos com uma concepção bastante ampla de fragmentação, muito além do sentido de simples "ruptura" ou "quebra" (ou como ruptura relativa, em diferentes níveis), a partir da noção de "fragmento" sobretudo como "parte de um todo, pedaço, fração" (dicionário *Novo Aurélio*).

cada vez mais seletivamente concentrados em espaços como as cidades-região globais e os chamados complexos regionais de "conhecimento intensivo", o que reforça as desigualdades regionais e os processos de precarização social nas chamadas regiões periféricas[3].

Paradoxalmente, é quando a globalização parece mais evidente que se destaca também com mais força — ou se torna mais visível — a necessidade de reconhecer as "diferenciações regionais", ainda que, mais simplesmente, para uma espécie de "adequação" a esses processos mais amplos. Com certeza, nas próximas décadas, o conhecimento aprofundado da diversidade regional da Terra será cada vez mais um instrumento de poder e em torno do qual se travarão, quando não lutas efetivas, acirrados debates.

Como sabemos, nenhum conceito é neutro, e qualquer criação de "região", mesmo que não tenha uma evidência empírica no nosso espaço vivido e que esteja vinculada mais diretamente a dilemas de ordem teórica, não é uma mera representação/generalização enquanto instrumento (necessário) para o entendimento do mundo, é também "criação de realidades" — e, assim, de alguma forma, instrumento de poder, pois nossos conceitos também carregam, sempre, ainda que tantas vezes de forma velada, a força de produzir (outras) verdades. Sem esquecer que o próprio Estado, através de suas práticas de gestão, conjugado ou não com instituições da sociedade civil, continua sendo um dos principais produtores de "conceitos aplicados" e, através deles, de recortes regionais.

O que nos sugere a diversidade de situações e de propostas conceituais de região, especialmente nas últimas décadas, é que

---

[3] Diante do jogo capitalista, sabemos bem, ainda que possam mudar os centros de poder, as relações entre regiões mais centrais — ou concentradoras — e regiões periféricas continuam também a ser refeitas, mesmo que em escalas muito mais complexas e pormenorizadas (como ocorre hoje na reprodução — e aprofundamento — de relações centro-periferia no próprio interior das grandes cidades globais).

não podemos mais ter a pretensão de resolver o dilema da regionalização de uma maneira unitária e universalmente generalizável, como pretendíamos fazer muitas vezes no passado. Ao enfatizar o "contextual", como lembra Thrift, retomando, de alguma forma, a posição de clássicos da Geografia Regional, especialmente Paul Vidal de la Blache, o regional se impõe por sua multiplicidade ou, se preferirmos, por sua complexidade.

Como vimos, a própria convivência, hoje, de uma ampla gama de proposições teóricas deixa clara essa complexidade do espaço-momento em que estamos situados, e impõe, inspirados no pensamento pós-colonial, a adaptação de nossas conceituações aos contextos históricos, geográficos e culturais em que estamos mergulhados e/ou que estamos focalizando. Assim, regionalizar um país como a Índia ou a China, hoje, com os mesmos instrumentos, as mesmas ênfases escalares e os mesmos indicadores (sem falar no amálgama de sujeitos sociais aí implicado) que utilizamos para regionalizar um país como o Brasil, a África do Sul ou a Nigéria seria uma temeridade. A começar por sua inserção — e a de suas "regiões" — profundamente desigual nas distintas esferas da globalização.

Até mesmo diferentes espaços dentro de um mesmo país, especialmente no caso de Estados de grandes dimensões como o nosso, podem exigir importantes adaptações em nossos princípios de regionalização, única forma de darmos conta dos processos mais relevantes em termos das articulações regionais. Basta lembrar a incoerência da aplicação do mesmo conceito de região funcional urbana tanto para o espaço "colonial" densamente ocupado do Sul do Brasil quanto para o interior de ocupação rarefeita da Amazônia. Ainda assim, como vimos neste trabalho, foi possivel identificar alguns princípios gerais para balizar nossa reflexão. Obviamente que, se encararmos pelo viés puramente analítico, pode-se promover a regionalização genérica no nível e com os critérios que nos aprouver, mas neste caso é imprescindível deixar muito claras todas as suas limitações e estar plenamente consciente de todas as possíveis implicações do processo.

Não podemos esquecer, então, que a regionalização pode variar, num sentido mais amplo, de acordo com as questões e os objetivos que estiverem em jogo. Sintetizando, colocam-se assim a nossa disposição:

— uma regionalização como instrumento de análise (que denominamos aqui região como "artifício"), centrada na figura do pesquisador, na investigação e seus dilemas metodológicos, capaz, assim, de responder a questões de método, na medida em que permite que regionalizemos a partir de quaisquer "variáveis" cuja dimensão espacial se objetiva focalizar[4];

— uma regionalização como instrumento da prática — ou de prática(s) efetiva(s) (compreendendo a região como "fato") — respondendo à questão da própria construção e do uso concretos que diferentes sujeitos sociais, em seus espaços vividos, fazem de sua região (incluindo o próprio uso mais generalizado do termo enquanto uma "categoria da prática"), produzindo mobilizações sociais em torno de fenômenos como os regionalismos e as identidades regionais;

---

[4] Não podemos esquecer que, junto a esse caráter analítico da região, em sentido mais estrito, encontra-se também seu caráter pedagógico, voltado para o ensino, em que diferentes formas de recorte "regional" são propostas de acordo com o contexto geo-histórico e ideológico em que se está situado. Basta verificar os recortes espaciais privilegiados pelos atlas didáticos; por exemplo, um atlas a que tivemos acesso numa livraria egípcia destaca em sua primeira página as "regiões" muçulmanas do mundo, para depois enfatizar o mundo árabe e cada um de seus países, não distinguindo as fronteiras de Israel, que aparece conjugado ao território da Jordânia. Mais uma demonstração da interseção dessas distintas abordagens, pois aqui uma regionalização ou "representação didática", de caráter propositalmente analítico, pode ter profundas implicações em nossa leitura "prática" (e ideológica) do mundo.

— uma regionalização como instrumento de intervenção (a região "plano" ou normativa), centrada na perspectiva política do planejamento (desenhando cenários de futuro), que busca redirecionar a dinâmica socioespacial regional, com claros objetivos político-pragmáticos, seja por parte do Estado, de empresas ou mesmo de algumas instituições da sociedade civil;

— uma regionalização como processo ao mesmo tempo teórico e prático (que propusemos denominar região como *arte-fato*), respondendo sobretudo à questão mais complexa das diferentes articulações sociedade-espaço em suas múltiplas dimensões (incluindo sua dimensão não humana), do campo tanto das práticas quanto das representações, geo-historicamente contextualizadas.

Optar por uma dessas regionalizações não significa simplesmente que estamos sendo mais *ou* menos "verdadeiros", como tender-se-ia a afirmar numa leitura mais apressada ou "tradicional", mas que estamos respondendo a perguntas, a indagações e problemáticas distintas. Dependendo das questões priorizadas, portanto, podemos adotar uma ou outra dessas posições. O mais importante é ter consciência do tipo de questão a ser colocada e/ou do tipo de resposta/objetivo a ser alcançado e, ao mesmo tempo, das limitações e consequências (políticas, inclusive) que cada posição implica.

Se propusemos aqui priorizar a região como "arte-fato", é simplesmente porque as questões que consideramos mais relevantes na abordagem regional em Geografia não estão restritas aos artifícios (imprescindíveis, contudo) do investigador, no campo epistemológico (ainda que dele não se dissociem), mas dizem respeito, sobretudo, às múltiplas formas de des-articulação diferenciadora do espaço através de suas várias dimensões e dos diversos sujeitos que "de fato" o constroem. Nossa questão não se reduz, assim, a problematizar a diferenciação/des-equalização espacial a partir de nossos métodos de análise e classificação, mas também a partir da ação concreta que produz essa diferenciação com base nas distintas articulações sociais do espaço, ou seja, para além do restrito âmbito acadêmico, a regionalização adquire também claras implicações político-sociais.

Ler a região a partir do que denominamos articul*ação* do espaço, na imbricação de artifício metodológico e fato concreto, vivido (e, enquanto vivido, com todo seu valor simbólico, mais subjetivo), significa, também, enfatizar em nossa abordagem a "ação" e a figura dos "agentes", ou melhor, dos sujeitos sociais em questão, pois são eles que, efetivamente, envolvidos com seu meio (não humano, inclusive), constroem as diferenciações geográficas que levam à elaboração de nossas distintas regionalizações.

Para Markusen (2005), por exemplo, a partir de um ponto de vista da Geografia Econômica e/ou da Economia Regional, as regiões devem ser tratadas com "renovada ênfase nos atores e no processo decisório"[5], atores sendo definidos, no caso das regiões econômicas, como "instituições que funcionam como agentes decisórios, empreendedores que decidem estabelecer ou criar firmas em determinados locais e trabalhadores que tomam a decisão de migrar" (p. 58). Empresas e sindicatos trabalhistas são os principais "atores" abordados em seu trabalho. Não entraremos aqui na polêmica distinção entre "atores" e "agentes", preferindo a expressão "sujeitos sociais", mesmo para aqueles grupos que, claramente, menos "sujeitam" do que "são sujeitados".

Como vimos, qualquer nova proposta para estudos regionais, hoje, deve levar em conta, sobretudo, as mudanças nas relações de articulação entre sujeitos sociais através de redes que se imbricam

---

5 Segundo a autora: "gasta-se energia acadêmica em 'conceitualização', de uma maneira descritiva em sua maior parte. Em narrativas causais, os atores foram substituídos por processos, tais como aglomeração. Em vez de atores dando forma à geografia econômica, atribuem-se papéis causais a fenômenos subteorizados, tais como 'aprendizagem' e 'redes'" (Markusen, 2005:58).

em diferentes escalas, não tendo mais apenas "uma" grande referência, o Estado, mas também os próprios circuitos econômicos (e, com força desigual, políticos e culturais) globalizados e mesmo, muitas vezes, as articulações de base mais estritamente "local". Incluem-se aí desde grandes corporações capitalistas até movimentos sociais de resistência, como os de muitos grupos latino-americanos ditos tradicionais, sem esquecer as intermediações reformuladas do Estado (com novo papel dentro das atuais sociedades de controle ou "in-segurança") e a configuração de novas mesoescalas regionais, como aquelas definidas não mais prioritariamente em relação ao Estado, mas frente às próprias dinâmicas da globalização (ou dos megablocos, como no caso de muitas "eurorregiões"). Não se trata, é claro, como chegaram a sugerir alguns, de uma ascensão do regional frente ao nacional, em crise, mas muito mais de uma nova relação entre ambos.

Em síntese, "articulação" regional, numa leitura geográfica, diz respeito a:

— primeiro, uma articulação entre distintos sujeitos sociais, o que inclui, no caso da regionalização, seus próprios mentores intelectuais (geógrafos, por exemplo) e/ou planejadores; nesse sentido, é importante lembrar que, cada vez mais, algumas dessas articulações regionais podem fazer sentido para determinados sujeitos ou grupos e não (ou menos) para outros (sem se esquecer de muitos intelectuais cuja regionalização só faz sentido para eles próprios...), como muitas vezes ocorre com territórios efetivamente ordenados e controlados por grupos hegemônicos frente a territórios (ou mesmo "aglomerados", enquanto espaços des- ou pouco articulados) de grupos subalternos.

— uma articulação em termos mais estritamente vinculados ao espaço que é construído, levando-se em conta principalmente que o espaço social "condensa tempo", ou seja, não se confunde apenas com os interesses e estratégias sociais em curso, e incorpora sempre, em maior ou menor grau, uma dimensão "não-humana" ou irredutível à ação humana; neste sentido, o espaço regional pode comportar lógicas predominantemente zonais ou reticulares, configurando articulações mais tradicionais, em termos de regiões-área, e regiões-rede e/ou redes regionais;

— uma articulação entre diferentes escalas e dimensões do espaço, no sentido do controle (político), da produção (econômica), das significações (culturais) e da construção físico-ambiental (natural) embutidas no des-ordenamento regional; embora as articulações regionais tenham tendência a privilegiar uma dimensão ou escala, obviamente elas estão sempre, todas, diferencialmente conjugadas — num jogo, hoje, de crescente complexidade, dependendo da própria força dos sujeitos sociais "articuladores".

A opção por apreender essa diferenciação através dos processos de articulação espacial deve-se também ao fato de que hoje a "singularidade" do espaço, como demonstrou Massey (2000) para o lugar (pelo menos em seu sentido global), muito mais do que ligada às propriedades inerentes a cada uma de suas parcelas, está relacionada à especificidade das combinações — ou, como preferimos, articulações — com que essas propriedades, muitas vezes global ou amplamente difundidas, se vinculam.

É claro que são cada vez mais raros aqueles espaços em que, como no tradicional conceito de região recolocado por Ann Markusen, aqui comentado, as dimensões político-econômica e cultural, ou as articulações/coesões funcional e simbólica e, mais ainda, "natural", encontram-se imbricadas, uma correspondendo aproximadamente à espacialização da outra. Mas, mesmo que estes casos sejam pouco evidentes, há diversos contextos (ou grupos sociais), como vimos no decorrer deste trabalho, em que ainda é possível — se não mesmo necessário —, ao menos no nível de "projetos" e de redes regionais, pensar a imbricação, por exemplo, de um determinado arranjo funcional do espaço e um complexo de representações regionais, no nível simbólico.

Pelo menos a gestão política ou as práticas de "governança" — como vimos, numa perspectiva conservadora, para os casos do sul da Inglaterra de Thatcher, da Padânia da Liga Norte italiana ou mesmo do Nordeste brasileiro em certo contexto — terão sempre, como um de seus momentos indispensáveis, pensar — e agir sobre — o espaço no conjunto de suas dimensões — ou no mínimo (pretensamente) "articulado" em função de uma dessas dimensões.

Uma regionalização centrada nos sujeitos sociais e, de alguma forma, também nos interesses políticos aí incorporados, permite pensarmos então em dois momentos: o de uma regionalização "comum", no sentido de envolver arranjos espaciais que entrecruzam os múltiplos sujeitos sociais e dimensões do espaço, muito mais difícil de ser construída/reconhecida (ainda que muitas vezes normativamente necessária, especialmente quando se discutem gestão e política democrática do/pelo espaço[6]), e o da regionalização restrita a determinado grupo ou sujeito social, quando este busca produzir, gerir e/ou representar *seu* espaço de forma articulada, em função de *seus* próprios interesses.

---

[6] Apenas para evocar outra questão, paralela, não há dúvida de que a realização do "político", pelo menos no sentido mais estrito defendido por Hannah Arendt (2004), campo do consenso racionalmente construído, desatrelado da coerção e da violência, exige um espaço-momento como "espaço comum" ou "de todos", um espaço público de plena interação e, podemos dizer, articulação — espaços ao mesmo tempo livremente abertos (ao convívio da pluralidade dos homens) e coerentemente vinculados (para a tomada consciente e refletida de decisões), passíveis de condicionar e estimular uma articulação social — ou melhor, socioespacial — positivamente acionada em nome da coletividade em seu conjunto. A "articulação" do/no espaço político "comum", espaço-momento decisivo, não esgota, é claro, a multiplicidade de nossas articulações (incluído o âmbito mais privado), sendo, entretanto, a própria garantia da existência dessa multiplicidade.

É muito importante, obviamente, evitar a leitura generalizante de que todos os espaços são, da mesma forma, "articulados", dotados de coesão e, assim, de uma lógica espacial plenamente identificável. Primeiro porque, como ressaltamos, cada grupo social pode definir, em seu benefício, sua própria forma de des-articulação espacial (inclusive em relação aos circuitos da globalização), e que, dependendo dos interesses em jogo, pode ter uma feição basicamente funcional. Além de profundamente diferenciada de acordo com o contexto (sujeitos e espaço-tempo), esta articulação — pensada sempre dentro do binômio des-articulação (hifenizado) — pode ser muito frágil em determinados espaços, marcados mais por aquilo que denominamos a "ilógica" dos aglomerados (espaços de precarização e instabilidade social) do que pela lógica — zonal ou reticular — dos espaços mais nitidamente ordenados/articulados.

Isso não significa que amplas áreas de precarização social não acabem formulando suas próprias dinâmicas espaciais/regionais, não necessariamente menos complexas do que as grandes articulações econômicas e políticas dos grupos hegemônicos. Movimentos sociais tidos frequentemente como alternativos (ou "contraglobalizadores"), por exemplo, acabam redesenhando espaços regionais em malhas muitas vezes mais finas e diversas do que aquelas dos chamados "atores" hegemônicos, globalizados, em sua "multiterritorialidade" de caráter quase sempre muito mais funcional do que simbólico (Haesbaert, 2007c).

Em casos como o dos denominados "povos tradicionais" brasileiros, especialmente indígenas e quilombolas, é toda uma "outra geografia" e, também, uma outra regionalização que se desdobra a partir do momento em que, dotados de voz e visibilidade, estes grupos são providos também do poder de, eles próprios, mapearem, representarem e, de certo modo, assim, "articularem" efetivamente seus espaços, de outra forma considerados "excluídos" ou, pior ainda, "vazios" (como revelado por muitos mapas oficiais)[7]. Não deixa de ser este um processo de regionalização ou de articulação regional "a partir de baixo", uma forma de pensar/representar o — e de agir no — espaço a partir de uma leitura integrada de suas múltiplas dimensões. Nesse caso, novas articulações (tanto intra como inter) regionais podem ser a base, imprescindível, para a construção de novas práticas espaciais de poder, ou seja, de uma nova territorialização, mais alternativa.

Ao lado da regionalização que combina (ou mostra o descompasso entre) a região em sua dimensão (que, neste caso, pode se confundir com articulação) material-funcional e em sua dimensão (ou articulação) "ideal" (a força da "consciência" ou das "representações" regionais), temos assim a consideração dos múltiplos sujeitos que, desde "o alto" ou desde "abaixo", hegemônicos ou subalternos, constroem, na prática, suas próprias regionalizações, às vezes intimamente vinculadas e em outras sensivelmente dissociadas. Esses grupos e classes, na especificidade de suas ações, é que devem estar no centro de nossas análises regionais e propostas de regionalização — são eles que, quando não no sentido das práticas materiais (na produção e gestão do espaço), podem pensar e, de alguma forma, pelo menos no nível de suas construções simbólicas, representar e, por que não, também, viver determinadas coesões/articulações regionais.

Ainda que centralizados na ação dos diversos grupos/classes sociais que conformam as articulações regionais, não podemos ignorar que o espaço, em sua dimensão material, é dotado também de uma especificidade que vai além do simples campo das ações e

---

7 A propósito, ver o rico trabalho desenvolvido em torno de uma "nova cartografia social" participativa da Amazônia, dirigido pelo antropólogo Alfredo Wagner de Almeida. Num contraponto interessante, "L'Atlas des Atlas" (Courrier International, 2005) mostra um mapa da região dos Caiapós, no Pará, elaborado pelos próprios índios, onde figuram todas as suas localidades, completamente ausentes nos mapas "oficiais" tradicionalmente veiculados.

representações sociais atuais. Como já ressaltamos, muitas vezes uma determinada articulação material ou de formas espaciais, pelo seu caráter de condensação (ou "acumulação") de tempos, pode manifestar determinada disposição espacial que interfere na ação — ou articul*ação* — subsequente. Isso tanto em termos de formas espaciais socialmente construídas quanto em termos de sua interação com as bases "naturais" ali previamente existentes[8].

Assim, ao lado da questão da força das relações econômico-políticas e das representações culturais e do binômio sujeitos hegemônicos e subalternizados (com os consequentes processos excludentes que o acompanham), em sua construção do espaço, encontramos ainda o grande dilema das questões ambientais e da dimensão físico-natural, pois não há como negar a relevância dos processos ditos ambientais na composição dos quadros regionais, especialmente ao considerarmos a irredutibilidade da dinâmica dita "natural" à ação humana. Nesse sentido, ainda que centralizemos nossa análise sobre os sujeitos sociais, por maior que seja seu poder, eles nunca poderão abdicar de seu atrelamento aos condicionantes "naturais" diante dos quais se situam e com os quais articulam sua espacialidade.

É por isso que voltamos a enfatizar o amplo futuro que pode estar reservado a um conceito como o de biorregião, especialmente se o (re)formularmos para muito além da perspectiva puramente ecológica com que muitas vezes é abordado, e introduzirmos aí todo o debate contemporâneo, não só sobre a relação "cultura-natureza", o que de alguma forma já vem sendo feito, mas também sobre o biopoder, que já abordamos em trabalhos anteriores (por ex., Haesbaert, 2007a e 2009). O biopoder envolve a indissociabili-

---

[8] Milton Santos diria, por exemplo, que alguns espaços são dotados de maior ou menor fluidez — fluidez que, obviamente, não se restringe a sua materialidade "funcional", mas se estende igualmente ao conjunto de representações espaciais que, conjunta ou dissociadamente moldadas, podem constituir, também, poderoso efeito acelerador ou retardador da mobilidade e da transformação social.

dade entre o social e o natural, de forma que, hoje, mais do que nunca, o biológico se torna um instrumento central na configuração das relações de poder, desde questões envolvendo a corporeidade até a biodiversidade planetária. Nossas articulações no/com o espaço não podem mais, em hipótese alguma, dicotomizar o que se refere aos "sujeitos sociais" e o que se refere à dinâmica da "natureza". É neste sentido, de uma região envolvida em relações de biopoder, que propomos reler o conceito de biorregião — mais uma indicação, também, para desdobramento em trabalhos futuros.

Portanto, tanto quanto reconhecer a articulação (regional) dos espaços, em si mesma, cabe-nos avaliar a serviço de quem, em torno de que relação de poder essa des-ordem está sendo moldada, pois muito mais importante do que analisar as formas e níveis de articulação é saber em função de que ordem sociopolítica ela é/foi construída — incluindo aí, sem dúvida, a própria leitura que é feita da relação sociedade-natureza. Articulam-se espaços tanto para manter uma ordem como para subvertê-la — sem esquecer, é claro, que, para subvertê-la, é necessário, primeiro, desarticular a antiga ordem — a antiga "regionalização" —, o momento da desarticulação (ou, em outros termos, também, da desterritorialização) como o momento da instituição do novo.

Resgata-se assim, de um modo que acreditamos inovador, o caráter integrador com que a região originalmente foi proposta ou, nesse caso, de uma forma distinta, o caráter articulador impregnado nos espaços regionais. Fundamental, entretanto, é fazer a distinção de nossa concepção de "articulação" regional e a de "região-síntese" ou "totalizadora", em perspectivas mais tradicionais. A grande diferença em relação à região "integradora" num sentido mais tradicional é que, aqui, a "integração", primeiro, não é um estado quase a-temporal e, muitas vezes, produzido apenas pela figura do investigador, mas se contextualiza histórica e politicamente como um "momento" da articulação do espaço, através, também, da ação dos diferentes sujeitos sociais que o constroem (a "integração" variando, portanto, para cada grupo).

Segundo, ao interpretarmos o caráter integrador pelo viés da articulação não estamos nos restringindo à tradicional manifestação zonal ou de superfície euclidiana, contínua-contígua, com que a região costumava ser apresentada — neste caso ela pode dispor de uma configuração prioritariamente reticular (tanto de redes hierárquicas quanto rizomáticas ou complementares) e, mais ainda, ter "profundidade", na medida em que a mesma articulação que num contexto é mais bem reconhecida numa escala mais restrita, em outro pode "ascender" a uma escala mais ampla, estabelecendo elos em distintos níveis escalares, tanto no sentido horizontal quanto vertical do espaço.

Além disso, como já foi ressaltado, ao centralizarmos nossa análise na figura dos sujeitos sociais regionalizadores/articuladores do espaço verificamos que pode haver, *ao mesmo tempo*, articulações diferentes entre os grupos e/ou classes sociais, cada um definindo seu próprio contexto regional. Trata-se, neste caso, jogando com as palavras, de uma "articulação desarticulada", na medida em que um mesmo espaço pode estar fracionado entre distintas formas regionais de coesão, dada a (relativa) desconexão entre os circuitos promovidos por cada grande segmento social. Sem falar que, no mundo contemporâneo, ao lado das grandes articulações que, em última instância, acabam no nível global, percebe-se também o surgimento de movimentos des-rearticuladores, que promovem coesões espaciais não obrigatoriamente vinculadas a estes circuitos globais hegemônicos.

Ainda que porventura recusemos "região" como o termo que manifesta as articulações assim produzidas, é preciso lembrar que, tanto quanto reavaliar um conceito, importa reconhecer a natureza e a relevância dos novos-velhos processos/problemáticas que constroem o espaço geográfico, neste jogo indissociável entre contradição e ambivalência, des-igualdade e diferença (contínua, qualitativa) — as primeiras, centro da geografia de matriz marxista, as segundas, genericamente, fundamento de uma geografia dita pós-moderna e/ou pós-estruturalista.

A região, portanto, é um espaço-momento articulado, em processo mais ou menos intenso de transformação (ou de "desterritoralização", se enfatizarmos as relações de poder), envolvendo múltiplas dimensões e escalas — embora, obviamente, alguma(s) dela(s) possa(m) ser privilegiada(s), ou seja, possui ênfases dimensionais e escalares distintas conforme os sujeitos sociais e o contexto histórico, social e político em que se dê essa articulação. Articulação que não decorre apenas de princípios ou recortes analíticos (região como "artifício"), mas, muitas vezes alimentada por eles, revela-se também através de realidades efetivas (região como "arte-fato"), sejam elas da ordem das articulações predominantemente funcionais, sejam da ordem que privilegia as coesões simbólicas ou mais propriamente "vividas", dependendo dos vínculos estabelecidos entre os principais grupos/sujeitos envolvidos.

Em outras palavras, a região pode ser vista como um "espaço-momento" cuja diferenciação resulta muito mais da efetiva articulação espacial em rede, complexa, amplamente aberta à transformação, cuja dominância em termos de densidade, disposição e dimensão espaciais (econômica, política, cultural ou "natural") dependerá dos grupos sociais e do contexto geo-histórico em que estiver inserida. Enquanto espaço-momento, ela pode manifestar-se como um conjunto mais articulado ou integrado na leitura e/ou vivência de um grupo e não na de outro, colocando-se os sujeitos sociais, portanto, no centro da regionalização enquanto ação (também) concreta de diferenciação do espaço.

Resta a promessa de futuros trabalhos empíricos para traduzir de um modo muito mais concreto e aprofundado essas proposições. Fica o chamado para que novos investigadores venham se somar a esta empreitada, refortalecendo, de alguma forma, a Geografia Regional e, com ela, a própria Geografia como um todo.

Bibliografia

AGAMBEN, G. 2007. *Qu'est-ce qu'un dispositif?* Paris: Payot e Rivage.

______. 2002. *Homo Sacer: o poder soberano e a vida nua I.* Belo Horizonte: EdUFMG.

AGNEW, J. 2002. *Place and Politics in Modern Italy.* Chicago: Chicago University Press.

______. 2001. Regions in revolt. *Progress in Human Geography* 25(1).

______. 2000. From the political economy of regions to regional political economy. *Progress in Human Geography* 24(1).

______. 1999. Regions on the mind is not equal regions of the mind. *Progress in Human Geography,* 23 (1).

ALBUQUERQUE, E. 1998. *O conceito de região aplicado a Estados federais: o caso do Rio Grande do Sul.* Dissertação de Mestrado. São Paulo: USP.

ALBUQUERQUE JR., D. M. 1999. *A invenção do Nordeste e outras artes.* Recife: Fundação Joaquim Nabuco e Ed. Massangana; São Paulo: Cortez.

ALLEN, J.; MASSEY, D. e COCHRANE, A. 1998. *Rethinking the Region.* Londres: Routledge.

AMIN, A. 2004. Regions unbound: towards a new politics of place. *Geografiska Annaler* 86 B (1).

ANDERSON, B. 1989. *Nação e Consciência Nacional.* São Paulo: Ática.

ARENDT, H. 2004. *O que é Política?* Rio de Janeiro: Bertrand Brasil.

ARRAIS, T. 2007. *A região como arena política: um estudo sobre a produção da região urbana Centro-Goiano.* Goiânia: Editora Vieira.

AUDI, R. (org.) 1999. *Cambridge Dictionnary of Philosophy.* Cambridge: Cambridge University Press.

BADIE, B. 1996. *La fin des territoires.* Paris: Fayard.

BECKER, B. 1984. A crise do Estado e a região: a estratégia da descentralização em questão. In: Becker, B. (org.) *Ordenação Política do Território: uma questão política? Exemplos da América Latina.* Rio de Janeiro: UFRJ.

BENKO, G. 2009. Economia urbana e regional na virada do século. In: Ribeiro, M. E Milani, C. (orgs.) *Compreendendo a complexidade sócio-espacial contemporânea: o território como categoria de diálogo interdisciplinar.* Salvador: EdUFBA.

BENKO, G. e LIPIETZ, A. 1992. *Les régions qui gagnent: le nouveau paradigme de la géographie économique.* Paris: PUF.

BERG, P. 1977. Strategies for reinhabiting the Northern California Biorregion. *Seiatim: the Journal of Ecotopia* 1(3).

BERGSON, H. 2006. *Memória e Vida*. São Paulo: Martins Fontes.

______. 1993 (1927) *Essais sur les données immediates de la conscience*. Paris: Presses Universitaires de France.

BEZZI, M. 1996. *Região: uma (re)visão historiográfica — da gênese aos novos paradigmas*. Tese de Doutorado. Rio Claro: Universidade Estadual Paulista.

BHASKAR, R. 1996. Realismo. In: Outhwaie, W et al. (org.) *Dicionário do Pensamento Social do Século XX*. Rio de Janeiro: Jorge Zahar.

______. 1988. Realismo; Teoria do Conhecimento. In: Bottomore, T. et al. (org.) *Dicionário do Pensamento Marxista*. Rio de Janeiro: Jorge Zahar.

BOISIER, S. 1992. *Regional Management in the new international order: Quasi-States and Quasi-Firms*. Santiago do Chile: Ilpes.

BONNEMAISON, J. e CAMBRÈZY, L. 1996. Le lien territorial: entre frontières et identités. *Geographies et Cultures* 20. Paris: L'Harmattan.

BORGES, J. L. 1999. *Obras Completas II*. São Paulo: Globo.

BOURDIEU, P. 1989. *O Poder Simbólico*. Lisboa: Difel; Rio de Janeiro: Bertrand Brasil.

BOURDIN, A . 2001. *A questão local*. Rio de Janeiro: DP&A.

BRASIL: Ministério da Integração Nacional. 2005. *Proposta de reestruturação do Programa de Desenvolvimento da Faixa de Fronteira: bases de uma política integrada de desenvolvimento regional para a faixa de fronteira*. Brasília: Ministério da Integração Nacional.

BRITO T. 2008. A metamorfose do conceito de região: leituras de Milton Santos. *GEOgraphia* n. 20. Niterói: Programa de Pós-Graduação em Geografia.

CAPEL, H. 1981. *Filosofia y ciencia en la Geografía contemporánea*. Barcelona: Barcanova.

______. 1983. Positivismo y antipositivismo en la Ciencia Geográfica: el ejemplo de la Geomorfología. *GeoCrítica — Cuadernos Críticos de Geografía Humana* n. 43.

CARR, M. 2004. *Bioregionalism and Civil Society: democratic challenges to corporate globalism*. Vancouver e Toronto: UBC Press.

CARROUÉ, L. et al. 2002. *Limites et discontinuités en Géographie*. Paris: Sedes.

CASTAÑON, G. 2005. Construtivismo e terapia cognitiva: questões epistemológicas. *Revista Brasileira de Terapias Cognitivas*. Rio de Janeiro, vol. 1, n. 2.

CASTORIADIS, C.1982. *A instituição imaginária da sociedade*. Rio de Janeiro: Paz e Terra.

CASTRO, I. 1992. *O mito da necessidade*. Rio de Janeiro: Bertrand Brasil.

CHIVALLON, C. 1999. Fin des territoires ou necessité d'une conceptualisation autre? *Géographies et Culture* 31. Paris: L'Harmattan.

CLAVAL, P. 1993. *Initiation à la Géographie Régionale*. Paris: Nathan.

CORRÊA, R. 1995. Região: a tradição geográfica. *Revista Brasileira de Geografia*. Rio de Janeiro, vol. 57, n. 3.

______. 1986. *Região e Organização Espacial*. São Paulo: Ática.

COURRIER INTERNATIONAL. 2005. *L'Atlas des Atlas. Paris:* Courrier International S.A.

DELEUZE, G. 1999 (1966) *Bergsonismo*. São Paulo: Editora 34.

______. 1992. Post-scriptum sobre as sociedades de controle. In: *Conversações*. São Paulo: Ed. 34.

______. 1988. *Foucault*. São Paulo: Brasiliense.

DELEUZE, G. e GUATTARI, F. 1995. *Mil Platôs: capitalismo e esquizofrenia*. São Paulo: Ed. 34.

______. 1992. *O que é a Filosofia?* São Paulo: Ed. 34.

DIAS, L. 2004. A importância das redes para uma nova regionalização brasileira: notas para discussão. In: Limonad, E. et al. (2004) *Brasil Século XXI: por uma nova regionalização?* São Paulo: Max Limonad.

DI MÉO, G. e VEYRET, Y. 2002. Problématiques, enjeux théoriques et épistémologiques pour la géographie. In: Carroué, L. et al. *Limites et discontinuités en Géographie*. Paris: Sedes.

DOEL, M. 1999. *Poststructuralist Geographies: the diabolical art of spatial science*. Lanham: Rowman & Littlefield.

DOSSE, F. 1993 (1991). *História do Estruturalismo. Vol. 1: O campo do signo, 1945/1966*. São Paulo: Ensaio, Campinas: Editora da Unicamp.

DUARTE, A . 1988. Estrutura do espaço regional. In: *Geografia do Brasil: região Centro-Oeste*. Rio de Janeiro: IBGE.

______. 1983. A produção do espaço regional. In: *A Região Cacaueira da Bahia*. Sudene, CPR, Divisão de Políticas Espaciais.

______. 1980. Regionalização: considerações metodológicas. *Boletim de Geografia Teorética*. Rio Claro, 10 (20).

DULONG, R. 1980. A crise da relação Estado-sociedade local vista através da política regional. In: Poulantzas, N. (org.) *Estado em crise*. Rio de Janeiro: Graal.

EGLER, C. 1995. Questão regional e gestão do território no Brasil. In: Castro, I. et al. (org.) *Geografia: Conceitos e Temas*. Rio de Janeiro: Bertrand Brasil.

ELIOT, T. S. 1988 (1948). *Notas para uma definição de cultura*. São Paulo: Perspectiva.

ENTRIKIN, J. 1994. Place and Region. *Progress in Human Geography* 18(2).

______. 1991. *The betweenness of Place: towards a Geography of Modernity*. Houndmills e Londres: MacMillan.

ENTRIKIN, J. (org.) 2008. *Regions: critical essays in Human Geography*. Aldershot e Burlington: Ashgate.

ERNOUT, A. e MEILLET, A. 1967 (1932) *Dictionnaire Étimologique de la Langue Latine: Histoire des Mots*. Paris: Librairie C. Klincksieck.

ETGES, V. 2009. A contribuição de Hettner à Geografia. In: Mendonça, F. et al. (org.) *Eapaço e Tempo: complexidade e desafios do pensar e do fazer geográfico*. Curitiba: ADEMADAN e ANPEGE.

FOUCAULT, M. 2004. *Sécurité, Territoire, Population*. Paris: Gallimard.

______. 2002 (1997). *Em Defesa da Sociedade*. São Paulo: Martins Fontes.

______. 2000 (1994). *Ditos e Escritos II: Arqueologia das Ciências e História dos Sistemas de Pensamento*. Rio de Janeiro: Forense Universitária.

FRÉMONT, A. 1999. *Região, espaço vivido*. Coimbra: Almedina.

FRÉMONT, A. 1976. *La Région: espace vécu.* Paris: PUF.

FU-TUAN, Y. 1983. *Espaço e Lugar.* São Paulo: Difel.

GEORGE, P. 1975 (1966). Problemas, doutrina e método. In: George, P. et al. (org.) *A Geografia Ativa.* São Paulo: Difel.

GIDDENS, A. 1991. *As consequências da modernidade.* São Paulo: Edunesp.

______. 1989 (1984) Tempo, Espaço e Regionalização (cap. 5). *A constituição da sociedade.* São Paulo: Martins Fontes.

GILBERT, A. 1988. The new Regional Geography in English and French-speaking countries. *Progress in Human Geography* n. 12 (2).

GOLDMAN, M. 2003. Poder e resistência: um ensaio sobre a dimensão conceitual do "Império". *Mana* vol. 9. Rio de Janeiro (www.scielo.br, acessado em 20.05.2008)

GOMES, P. C. 2008. Sobre territórios, escalas e responsabilidade. In: Heidrich, A. et al. (org.) *A emergência da multiterritorialidade: a ressignificação da relação do homem com o espaço.* Porto Alegre e Canoas: Editora da UFRGS e Editora da Ulbra.

______. 1996. *Geografia e Modernidade.* Rio de Janeiro: Bertrand Brasil.

______. 1995. O conceito de região e sua discussão. In: Castro, I. et al. (org.) *Geografia: Conceitos e Temas.* Rio de Janeiro: Bertrand Brasil.

______. 1988. *As Razões da Região.* Rio de Janeiro: UFRJ (Dissertação de Mestrado).

GRAMSCI, A. 1987. *A Questão Meridional.* Rio de Janeiro: Paz e Terra.

GRATALOUP, C. 1991. Les régions du temps. In: *Périodes: la construction du temps historique.* Paris: Éditions de l'École des Hautes Études en Sciences Sociales e Histoire au Présent.

______. 2006 (2003) Os períodos do espaço. *GEOgraphia* n. 16. Niterói: Programa de Pós-Graduação em Geografia.

GREGORY, D. 2001. Realism. In: Johnston, R. et al. (orgs.) *The dictionary of Human Geography.* Oxford e Malden: Blackwell.

______. 1978. *Ideology, Science and Human Geography.* Londres: Hutchinson.

GRIGG, D. 1974 (1967) Regiões, Modelos e Classes. In: Chorley, R. e Haggett, P. (orgs.) *Modelos Integrados em Geografia.* São Paulo: Editora da USP; Rio de Janeiro: Livros Técnicos e Científicos S.A.

GUIMARÃES, F. 1978 (1941) Divisão Regional do Brasil. *Boletim Geográfico* ano 28.

HAESBAERT, R. 2009. Dilema de conceitos: espaço-território e contenção territorial. In: Saquet, M. e Sposito, E. (org.) *Territórios e Territorialidades: teorias, processos e conflitos.* São Paulo: Expressão Popular.

______. 2007a. Sociedades de In-Segurança e Des-Controle dos Territórios. In: *I Encontro Nacional da Associação Brasileira de Relações Internacionais (ABRI)*, Transformações na ordem internacional na primeira década do século XXI. Brasília, v. 1.

______. 2007b. Região e Regionalização num Mundo Des-territorializado. In: Feldman, S. e Fernandes, A. (orgs.) *O Urbano e o Regional no Brasil*

Contemporâneo: mutações, tensões, desafios. Salvador: EdUFBA; São Paulo: EdUnesp; Anpur.

______. 2007c. Território e Multiterritorialidade: um debate. *GEOgraphia* n. 17. Niterói: Pós-Graduação em Geografia.

______. 2006. Muros, "Campos" e Reservas: os processos de reclusão e "exclusão" territorial. In: Silva, J.; Lima, L. e Dias, D.. (Org.). *Panorama da Geografia Brasileira* (vol. 1). 1 ed. São Paulo: Annablume e AGB.

______. 2005. Região: Trajetos e Perspectivas. In: *Anais das Primeiras Jornadas de Economia Regional Comparada*. Porto Alegre: FEE e PUC-RS.

______. 2004a. *O Mito da Desterritorialização: do "fim dos territórios" à multiterritorialidade*. Rio de Janeiro: Bertrand Brasil.

______. 2004b. Desterritorialização, Multiterritorialidade e Regionalização. In: Limonad, E. et al. (org.) *Brasil Século XXI: por uma outra regionalização?* São Paulo: Max Limonad.

______. 2003. Morte e vida da região: antigos paradigmas e novas perspectivas da Geografia regional. In: *Anais do XXII EEG Rio Grande*. Porto Alegre: AGB, Rio Grande: FURG. (publicado depois em livro: Sposito, E. [org.] 2005. *Produção do Espaço e Redefinições Regionais: a construção temática*. Presidente Prudente: Unesp).

______. 2002. *Territórios Alternativos*. São Paulo: Contexto.

______. 1999a. Regionalización y migración brasileña en los países del Mercosur. *GeoUruguay* n. 3.

______. 1999b. Região, Diversidade Territorial e Regionalização. *GEOgraphia* ano 1, n. 1. Niterói: Programa de Pós-Graduação em Geografia.

______. 1998a. (org.) *Globalização e Fragmentação no Mundo Contemporâneo*. Niterói: EdUFF.

______. 1998b. A noção de rede regional: reflexões a partir da migração "gaúcha" no Brasil. *Território* n. 4.

______. 1998c. Região e redes transfronteiriças em áreas de migração brasileira nos vizinhos do Mercosul. In: Strohaecker, T. et al. (org.) *Fronteiras e Espaço Global*. Porto Alegre: Associação dos Geógrafos Brasileiros.

______. 1997. *Des-territorialização e Identidade: a rede "gaúcha" no Nordeste*. Niterói: EdUFF.

______. 1995. Desterritorialização: entre as redes e os aglomerados de exclusão. In: Castro, I. et al. (org.) *Geografia: Conceitos e Temas*. Rio de Janeiro: Bertrand Brasil.

______. 1994b. O mito da desterritorialização e as regiões-rede. *Anais do V Congresso Brasileiro de Geógrafos*. Curitiba: AGB.

______. 1994a. *China: entre o Oriente e o Ocidente*. São Paulo: Ática.

______. 1993a. Escalas espaço-temporais: uma introdução. *Boletim Fluminense de Geografia* n. 1. Niterói: AGB. (republicado em *Territórios Alternativos*. São Paulo: Contexto; Niterói: EdUFF, 2002)

______. 1993b. Redes, territórios e aglomerados: da forma=função às (dis)formas sem função. *Anais do III Simpósio de Geografia Urbana*. Rio de Janeiro: AGB, UFRJ, IBGE.

HAESBAERT, R. 1990. *Blocos Internacionais de Poder*. São Paulo: Contexto.

______. 1988. *RS: Latifúndio e Identidade Regional*. Porto Alegre: Mercado Aberto.

______. 1983. Rio Grande do Sul: uma proposta de regionalização. *Boletim Gaúcho de Geografia* n. 10-11.

HAESBAERT, R. e PORTO-GONÇALVES, C. 2006. *A Nova Des-ordem Mundial*. São Paulo: Edunesp.

HARRISON, P. 2006. Poststructuralist Theories. In: Altken, S. e Valentine, G. (org.) *Approaches in Human Geography*. Londres: Sage.

HARTSHORNE, R. 1978 (1959) *Propósitos e Natureza da Geografia*. São Paulo: Hucitec e Edusp.

______. 1939. The Nature of Geography. *Annals of the Association of American Geographers*, XXIX.

HARVEY, D. 2006a. Space as a keyword. In: Castree, N. e Gregory, D. (orgs.) *David Harvey: a critical reader*. Malden, Oxford e Carlston: Blackwell.

______. 2006b. Space as a keyword. In: Harvey, D. *Spaces of Global Capitalism*. Londres e Nova York: Verso.

______. 1992 (1989). *A Condição Pós-Moderna*. São Paulo: Loyola.

______. 1985. The geopolitics of capitalism. In: Gregory, D. e Urry, J. (orgs.) *Social Relations and Spatial Structures*. Basingstoke: Macmillan.

______. 1980. *A Justiça Social e a Cidade*. São Paulo: Hucitec.

HAUER, J. 1990. What about Regional Geography after structuration theory? In: Johnston, R. et al. (org.) *Regional Geography: current developments and future prospects*. Londres e Nova York: Routledge.

HEIDRICH, A. 1999. *Além do Latifúndio: Geografia do interesse econômico gaúcho*. Porto Alegre: Editora da UFRGS.

HERBERTSON, A . J. 1913. Natural regions. *The Geographical Teacher* VII.

HETTNER, A. 2000. O sistema das ciências e o lugar da Geografia. *GEOgraphia* n. 3.

HILHORST, J. 1975. *Planejamento Regional*. (cap. 3. O Problema da Regionalização) Rio de Janeiro: Zahar.

HOLLOWAY, S.; RICE, S. e VALENTINE, G. (org.) 2003. *Key Concepts in Geography*. Londres, Thousand Oaks e Nova Delhi: Sage.

HUBBARD, P. et al. 2002. *Thinking Geographically: space, theory and contemporary Human Geography*. Londres e Nova York: Continuum.

ISARD, W. 1954. *Location and space economy*. Nova York: John Wiley.

JOHNSTON, R. J. 1986. *Geografia e Geógrafos*. São Paulo: Difel.

JOHNSTON, R. J.; GREGORY, D.; PRATT, G. e WATTS, M. 2001. *The Dictionary of Human Geography*. Oxford e Malden: Blackwell.

JOHNSTON, R. J.; HAUER, J. e HOEKVELD, A. (orgs.) 1990. *Regional Geography: current developments and future prospects*. Londres e Nova York: Routledge.

JONES, M. 2009. Phase space: geography, relational thinking, and beyond. *Progress in Human Geography*, vol. 33, n. 4.

JUILLARD, E. 1965. A Região: tentativa de definição. *Boletim Geográfico* n. 185.

KANT, I. 2008. Introdução à Geografia Física. *GEOgraphia* n. 17 (ano IX). Niterói: Programa de Pós-Graduação em Geografia (trad. Leonardo Arantes).

______. 2006. Sobre o primeiro fundamento da distinção de direções no espaço. *GEOgraphia* n. 15.

______. 1983. *Textos pré-críticos*. Porto: Rés Editorial.

KAYSER, B. 1975 (1966). A região como objeto de estudo da Geografia. In: George, P. et al. (orgs.) *A Geografia Ativa*. São Paulo: Difel.

KLINK, J. 2001. *A cidade-região: regionalismo e reestruturação no grande ABC paulista*. Rio de Janeiro, DP&A .

LACLAU, E. 1990. *New Reflections on the revolution of our time*. Londres: Verso.

LACOSTE, Y. 1988. *A região, isto serve antes de mais nada para fazer a guerra*. Campinas: Papirus.

______. 1976. *La Géographie, ça sert, d'abord, à faire la guerre*. Paris: François Maspero.

LATOUR, B. 2002. *Reflexão sobre o culto moderno dos deuses fe(i)tiches*. Bauru: Edusc

LEE, R. 1990. Regional Geography: between scientific theory, ideology, and practice, (*or*, What use is regional geography?) In: Johnston, R. et al. (orgs.) *Regional Geography: current developments and future prospects*. Londres: Routledge.

LEFEBVRE, H. 1986 (1974). *La production de l'espace*. Paris: Anthropos.

LEMOS, L. 2005. As correntes da Geografia e o movimento de ideias em torno da região. *Geografias* n. 1.

LENCIONI, S. 1999. *Região e Geografia*. São Paulo: Edusp.

______. 2006. Da cidade e sua região à cidade-região. In: Silva, J. et al. (orgs.) *Panorama da Geografia Brasileira vol. 1*. São Paulo: Annablume e AGB.

LÉVY, J. 1999. *Le tournant géographique: penser l'espace pour lire le monde*. Paris: Belin.

______. 1992. Espaces-monde: mode d'emploi. In: Durand, M.F. et al. *Le Monde: espaces et systèmes*. Paris: PNFSP.

LÉVY, J. e LUSSAULT, M. 2003. *Dictionnaire Géographique et de l'espace des sociétés*. Paris: Belin.

LIMONAD, E.; HAESBAERT, R. e MOREIRA, R. (org.) 2004. *Brasil Século XXI: por uma nova regionalização?* São Paulo: Max Limonad.

LIPIETZ, A. 1987 (1977) *O Capital e seu Espaço*. São Paulo: Nobel.

______. 1977. *Le capital et son Espace*. Paris: Maspero.

LUSSAULT, M. 2003. Constructivisme. In: Lévy, J. e Lussault, M. (orgs.) *Dictionnaire de Géographie et de l"espace des sociétés*. Paris: Belin.

MacLEOD, G. 2001. New regionalism reconsidered: globalization and the remaking of political economic space. *International Journal of Urban and Regional Research*, vol. 25.4

MacLEOD, G. e JONES, M. 2001. Re*new*ing the geography of regions. *Environment and Planning D: Society and Space,* vol. 19.

______. 2007. Territorial, Scalar, Networked, Connected: in what sense a "Regional World"? *Regional Studies,* vol. 41.9, dez. 2007.

MAIA, C. 2008. Realismo científico e construtivismo sociolinguístico em Bruno Latour e Ludwik Fleck. In: www.necso.ufrj.br/esocite2008/trabalhos/35929.doc Acessado em 24 out 2009.

MARKUSEN, A. 2005. Mudança econômica regional segundo enfoque centrado no ator. In: Diniz, C. e Lemos, M. (orgs.) *Economia e Território.* Belo Horizonte: EdUFMG.

______. 1987. *Regions: the economics and politics of the territory.* Totowa: Rowman & Littlefield.

______. 1981. Regionalismo: uma abordagem marxista. *Espaço e Debates* 1(1). São Paulo: Cortez.

MARTINS, E. 2003. Lógica e espaço na obra de Immanuel Kant e suas implicações na ciência geográfica. *GEOgraphia* n. 9.

MARTINS, J. S. 1997. *Exclusão Social e a nova desigualdade.* São Paulo: Paulus.

______. 2002. *A Sociedade vista do Abismo.* Petrópolis: Vozes.

MASSEY, D. 2008 (2005). *Pelo Espaço: uma nova política da espacialidade.* Rio de Janeiro: Bertrand Brasil.

______. 2000 (1991). O sentido global do lugar. In: Arantes, A . (org.) *O Espaço da Diferença.* Campinas: Papirus.

______. 1984. *Spatial Divisions of Labour.* Nova York, Londres: Routledge.

McGINNIS, M. 1999. *Bioregionalism.* Londres: Routledge.

MENDOZA, J. 1989. Actualidad de la Geografía Regional. *Eria* n. 19-20.

MENDOZA, J. et al. 1982. *El Pensamiento Geográfico.* Barcelona: Alianza.

MERCIER, G. 1995. La région et l'État selon Friedrich Ratzel et Paul Vidal de La Blache. *Annales de Géographie* n. 583.

MIGNOLO, W. 2002. *Histórias locais/Projetos globais: colonialidade, saberes subalternos e pensamento liminar.* Belo Horizonte: EdUFMG.

MOORE, A. (2008) Rethinking scale as a geographical category: from analysis to practice. *Progress in Human Geography* 32(2).

MOREIRA, R. 2006. *Para onde vai o pensamento geográfico? Por uma epistemologia crítica.* São Paulo: Contexto.

MULLER-CYRAN, O. 2008. Jersey, o paraíso sem medo. In: *Le Monde Diplomatique Brasil* ano 2, n. 17, dez.

MURDOCH, J. 2006. *Poststructuralist Geography.* Londres: Sage.

MURPHY, A. 1991. Region as social constructs: the gap between theory and practice. *Progress in Human Geography* 15 (1), pp. 22-35.

O'BRIEN, R. 1992. *Global Financial Integration: the end of Geography.* Nova York: The Royal Institute of International Affairs e Council on Foreign Relations Press.

OHMAE, K. 1996. *O fim do Estado-nação.* Rio de Janeiro: Campus.

OHMAE, K. 1990. *The borderless world.* New York: Harper Business.

OLIVEIRA, F. 1981 (3ª. ed.) *Elegia para uma re(li)gião.* Rio de Janeiro: Paz e Terra.

OZOUF-MARIGNIER, M. e ROBIC, M. 1995. La France au seuil des temps nouveaux: Paul Vidal de La Blache et la régionalisation. *L'Information Géographique,* vol. 59.

PAASI, A. 2003. Region and Place: regional identity in question (Progress Reports). *Progress in Human Geography,* vol. 27, n. 4.

_______. 2002a. Place and Region: regional worlds and words. *Progress in Human Geography,* vol. 26, n. 6.

_______. 2002b. Bounded spaces in the mobile world: deconstructing "regional identity". *Tijdschrift voor Economischeen Sociale Geographie.* Vol. 93, n. 2.

_______. 1991. Deconstructing Regions: notes on the scales of spatial life. *Environment and Planning A,* vol. 23.

_______. 1986. The institucionalization of regions: a theoretical framework for undestanding the emergence of regions and the constitution of regional identity. *Fenya* 164(1).

PAINTER, J. 2005. Governmentality and Regional Economic Strategies. In: Hillier, J. E Rooksby, E. (org.) *Habitus: a sense of place.* Ardershot e Burlingtom: Ashgate.

PARSONS, J. 1985. On "Bioregionalism" and "Wathershed Consciousness". *Professional Geographer* 37.

PORTELLI, H. 1977. *Gramsci e o bloco histórico.* Rio de Janeiro: Paz e Terra.

PORTO-GONÇALVES, C.W. 2002. Da Geografia às Geo-grafias: um mundo em busca de novas territorialidades. In: Ceceña, A. e Sader, E. (org.) *A Guerra Infinita: hegemonia e terror mundial.* Petrópolis: Vozes e Buenos Aires: Clacso.

POULANTZAS, N. 2000 (1978) *O Estado, o Poder, o Socialismo.* São Paulo: Paz e Terra.

PTOLOMEU. 2000. *Geography (an annotated translation of the theoretical chapters).* Princeton e Oxford: Princeton University Press.

PUDUP, M. 1988. Arguments within regional geography. *Progress in Human Geography* 12 (3).

RAFFESTIN, C. 1993 (1980) *Por uma Geografia do Poder.* São Paulo: Ática.

RICHARDSON, H. 1975. *Economia Regional.* (cap. 9) Rio de Janeiro: Zahar.

RIBEIRO, A. C. 2004. Regionalização: fato e ferramenta. In: Limonad, E. et al. (org.) *Brasil Século XXI: por uma nova regionalização?* São Paulo: Max Limonad.

RICOTTA, L. 2003. *Natureza, Ciência e Estética em Alexander von Humboldt.* Rio de Janeiro: Mauad.

ROBERTSON, R. 1995. Glocalization: time-space and homogeneity-heterogeneity. In: Featherstone, M. et al. (orgs.) *Global Modernities.* Londres: Sage. (edição brasileira: *Globalização* — cap. 12. Petrópolis: Vozes, 1998)

ROBERTSON, R. 1994. Mapeamento da condição global: globalização como conceito central. In: Featherstone, M. (org.) *Cultura Global*. Petrópolis: Vozes.

ROBIC, M. C. 2002. Un système multi-scalaire, ses espaces de référence et ses mondes. L'*Atlas Vidal-Lablache*. www.cybergeo.eu/index3944. html (acessado em 30.03.2008).

RONCAYOLO, M. 1986. Região. In: Enciclopédia Eunaudi. Lisboa: Imprensa Nacional.

SACK, R. 1986. *Human Territoriality: its theory and history*. Cambridge: Cambrige University Press.

SAÏD, E. 1990 (1978) *Orientalismo: o Oriente como invenção do Ocidente*. São Paulo: Companhia das Letras.

SANTOS, M. 1999. Modo de produção técnico-científico e diferenciação espacial. *Território* 6.

______. 1996. *A Natureza do Espaço*. São Paulo: Hucitec.

______. 1994. *Técnica, Espaço, Tempo: globalização e meio técnico-científico informacional*. São Paulo: Hucitec.

______. 1979. *O Espaço Dividido*. São Paulo: Francisco Alves.

______. 1978. *Por uma Geografia Nova*. São Paulo: Hucitec.

______. 2008 (1978) *O trabalho do geógrafo no Terceiro Mundo*. São Paulo: Edusp.

SAQUET, M. 2006. Proposições para estudos territoriais. *GEOgraphia* n. 15. Niterói: Programa de Pós-Graduação em Geografia.

SASSEN, S. 2001. Global Cities and Global City-Regions: a comparison. In: Scott et al. (org.) *Global City-Regions: Trends, Theory, Policy*. Oxford: Oxford University Press.

SAUER, C. 1998 (1925) A morfologia da paisagem. In: Corrêa, R. e Rosendahl, Z. (org.) *Paisagem, Tempo e Cultura*. Rio de Janeiro: Eduerj.

SCHAEFER, F. 1977 (1953). O excepcionalismo em Geografia: um estudo metodológico. *Boletim de Geografia Teorética* n. 13 (vol. 7). Rio Claro: Ageteo.

SCOTT, A. 1998. *Regions and the World Economy*. Oxford: Oxford University Press.

______. (org.) 2001. *Global City-Regions: trends, theory, policy*. Oxford: Oxford University Press.

SCOTT, A.; AGNEW, J.; SOJA, E. e STORPER, M. 2001. Cidades-regiões globais. *Espaço & Debates* n. 41. São Paulo, Núcleo de Estudos Regionais e Urbanos.

SILVA, A. C. 1978. *O espaço fora do lugar*. São Paulo: Hucitec.

SILVEIRA, M. 1999. *Um país, uma região: fim de século e modernidade na Argentina*. São Paulo: Fapesp e Laboplan-USP.

SILVEIRA, R. 1984. *O regionalismo nordestino*. São Paulo: Moderna.

SIMPSON, J. e WEINER, E. 1989. *The Oxford English Dictionary*. Oxford: Clarendon Press.

SMITH, N. 1988. The region is dead! Long live the region! *Political Geographical Quarterly* vol. 7, n. 2, abr. Newcastle-upon-Tyne, Dept. of Geography.

SOJA, E. 2000. *Postmetropolis: journeys to Los Angeles and other real-and-imagined places*. Oxford: Blackwell.

______. 1993 (1989). *Geografias Pós-Modernas*. Rio de Janeiro: Jorge Zahar.

SOUZA, M. 1995. O território: sobre espaço e poder, autonomia e desenvolvimento. In: Castro, I. et al. (org.) *Geografia: Conceitos e Temas*. Rio de Janeiro: Bertrand Brasil.

______. 1988. Espaciologia: uma objeção (crítica aos prestigiamentos pseudo-críticos do espaço social) *Terra Livre* n. 5.

SOUZA SANTOS, B. 2004. Do Pós-Moderno ao Pós-Colonial: e para além de um e de outro. Disponível em: http://www.ces.uc.pt/misc/Do_pos-moderno_ao_pos-colonial.pdf.

STORPER, M. 1997. *The regional world: territorial development in a global economy*. New York: Guilford.

______. 1995. The resurgence of Regional Economies, ten years later: the Region as a nexus of untraded interdependencies. *European Urban and Regional Studies,* 2(3).

SWYNGEDOUW, E. 1992. The Mammon quest: "Glocalization", interspatial competition and the monetary order: the construction of new scales. In: Dunford, M. e Kafkalas, G. (org.) *Cities and regions in the new Europe*. Londres: Belhaen Press.

THRIFT, N. 2008. *Non-representational theory: space, politics, affect*. Abingdon e Nova York: Routledge.

______. 1996 (1994) Visando o âmago da região. In: Gregory, D.; Martin, R. e Smith, G. (orgs.) *Geografia Humana: Sociedade, Espaço e Ciência Social*. Rio de Janeiro: Jorge Zahar Editor.

______. 1996. *Spatial Formations*. Londres: Sage.

______. 1990, 1991, 1993. For a new regional Geography (1, 2, 3). *Progress in Human Geography,* vols. 14, 15 e 17.

______. 1983. On the determination of social action in space and time. *Society and Space* 1.

TUAN, Y. F. 1983. *Espaço e Lugar*. São Paulo: Difel.

VAINER, C. 1995. Regionalismos: anacronismo ou pós-modernidade? In: Gonçalves, M. (org.) *O novo Brasil urbano*. Porto Alegre: Mercado Aberto.

VALLAUX, C. 1929. *Les Sciences Géographiques*. Paris: Librairie Félix Alcan.

VARENIUS, B. 1981 (1664). Geographia Generalis (Dedication, Introduction to Geography). In: Bower, M. *Empiricism and Geographical Thought: from Francis Bacon to Alexander von Humboldt*. (Anexo 1) Cambridge: Cambridge University Press.

VIDAL DE LA BLACHE, P. 2002 (1895). O princípio da Geografia Geral. *GEOgraphia* n. 6. Niterói: Pós-Graduação em Geografia.

______. 1994 (1903). *Tableau de la Géographie de la France*. Paris: La Table Ronde.

______. VIDAL DE LA BLACHE, P. 1994 (1917). *La France de l'Est: Lorraine-Alsace*. Paris: La Découverte.

______. 1982 (1913). As características próprias da Geografia. In: Christofoletti, A. (org.) *Perspectivas da Geografia*. São Paulo: Difel.

______. 1954(1921). *Princípios de Geografia Humana*. Lisboa: Cosmos.

______. 1910. Régions françaises. *Revue de Paris*, dez. (reeditado parcialmente em Sanguin, A.L. 1993. *Vidal de La Blache: un génie de la géographie*. Paris: Belin).

______. 1888. Les divisions fondamentales du sol français. *Bulletin Litéraire*. (reeditado em espanhol em: Mendoza, J. et al. 1982. *El pensamiento geográfico*. Madri: Alianza).

VIRILIO, P. 1997. Fin de l'histoire, ou fin de la géographie? Un monde surexposé. *Le Monde Diplomatique* (agosto).

VITTE, A. 2007. Da metafísica da natureza à gênese da Geografia Física moderna. In: Vitte, A. (org.) *Contribuições à História e à Epistemologia da Geografia*. Rio de Janeiro: Bertrand Brasil.

WARDENGA, U. 1995. *Geographie als Chorologie — Zur Genese und Struktur von Alfred Hettner Konstrukt der Geographie*. Stuttgart: Hans Steiner Verlag.

WERLEN, B. 2000. Regionalismo e sociedade política. *GEOgraphia* n. 4, ano II. Niterói, Pós-Graduação em Geografia.

______. 1997. *Sozialgeographie alltäglicher Regionalisierung. Band 2: Globalisierung, Region und Regionalisierung*. Suttgart: Franz Steiner.

______. 1995. *Society, Action and Space: an alternative Human Geography*. Londres e Nova York: Routledge.

WHITTLESEY, D. 1954. The regional concept and the regional method. In: James, P. e Jones, C. F. (org.) *American Geography: inventory and prospect*. Syracuse: Syracuse University Press.

WISHART, D. 2004. Period and Region. *Progress in Human Geography* 28.

WRIGLEY, E. A. 1965. Changes in the philosophy of geography. In: Chorley, R. e Haggett, P. (orgs.) *Frontiers in Geography Teaching*. Londres: Methuen & Co. Ltd.